U0166508

科学探索大自然的无穷奥秘

自然百科全书

ZI RAN BAI KE QUAN SHU

王志艳◎编著

图书在版编目（CIP）数据

自然百科全书 / 王志艳编著 . -- 武汉 : 湖北科学技术出版社 , 2015.8 (2022.1 重印)

ISBN 978-7-5352-8132-6

Ⅰ . ①自… Ⅱ . ①王… Ⅲ . ①自然科学—少儿读物 Ⅳ . ① N49

中国版本图书馆 CIP 数据核字 (2015) 第 179011 号

责任编辑：张波军　　封面设计：王　梅

出版发行：湖北科学技术出版社　　电话：027-87679468

地　　址：武汉市雄楚大街 268 号　　邮编：430070

（湖北出版文化城 B 座 13-14 层）

网　　址：http：//www.hbstp.com.cn

印　　刷：山东润声印务有限公司　　邮编：271500

720mm × 1015mm　1/16　　20 印张　300 千字

2015 年 10 月第 1 版　　2022 年 1 月第 2 次印刷

定价：69.00 元

本书如有印装质量问题　可找本社市场部更换

前言

PREFACE

不论是日月星辰、山川树木，还是风云雷电、虫鱼鸟兽，都是大自然创造的神奇产物。大自然用它灵巧的双手对自然界进行精雕细刻，留下了一个个令人叹为观止的传奇！地球是怎样形成的？大陆和大洋的格局是一成不变的吗？生命是如何起源的？为什么有些生物甚至能在极地和沙漠这种极端恶劣的环境中生存下来呢？……自然界以其永恒的神秘魅力吸引着人们的好奇心，从茹毛饮血的远古洪荒到地球日渐变暖的今天，人类从来没有停止过探索的脚步。

生命自出现以来，就在大自然中不断地生息繁衍，从结构最简单的病毒到结构极复杂的陆地动物，从低矮的苔藓到高达百米以上的北美海滨红杉，从只有百十微米大小的原生动物到体重达190吨的蓝鲸……自然界呈现出的不可思议的生物多样性以及生物之间、生物与环境之间复杂而又紧密的联系，都使得我们这个星球色彩斑斓而又生机盎然。探寻大自然的奇趣与奥秘，不仅可以加深孩子对大自然的认识，还可以陶冶情操，激发他们的想象力，从而使孩子更加热爱自然并自觉地保护自然。为此，我们特编辑出版了这本《自然百科全书》以献给广大小朋友。

运动不息的地球、不断扩张的海洋、火山造就的形形色色地貌、美丽而严酷的极地、天气与气候的由来、生生不息的生命家园……本书从神秘宇宙、地球家园、气象万千、植物王国等方面，栩栩如生地向孩子展示了自然世界中的各种美妙事物：缤纷的四季景象、百变的天气、波澜壮阔的大地景物、神秘的远方世界……书中融合了中外自然科学各个领域研究的智慧结晶，以人类对自然界的探索精神和人文关怀贯穿其中，为孩子展示了一幅幅丰富多彩的自然世界的神奇画面，是一本融科学性、知识性、趣味性于一体的科学普及读物。

全书体例清晰、结构严谨、内容全面，语言风格清新凝练，措辞严谨又不失生动幽默，让孩子在充满愉悦的阅读情境中对全书内容有更深的体悟。此外，书中还

配有大量精美的彩色照片、插图，结合简洁流畅的文字，将自然的风貌演绎得真实而鲜活，让孩子不用费多大力气，就能学到不少有趣又有用的知识。同时，本书还穿插了精心设计的“知识小链接”等相关栏目，使小朋友能更全面、深入、立体地感受自然的奇趣。

在科技高度发达的现代社会，人类在改造自然的同时，也损害了自然。自然已向人类发出了警示：土地的沙漠化、生态平衡受到破坏、环境污染加剧……因此，保护环境与可持续发展已成为人类文明得以延续的必然选择。相信读完本书，小朋友将会更加了解自然界的奥妙所在，深切体会到大自然的神奇与生命的伟大，最终体悟到与自然和谐相处的益处。

目录

CONTENTS

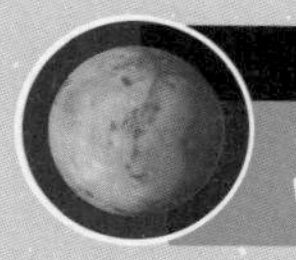

第一章 神秘宇宙

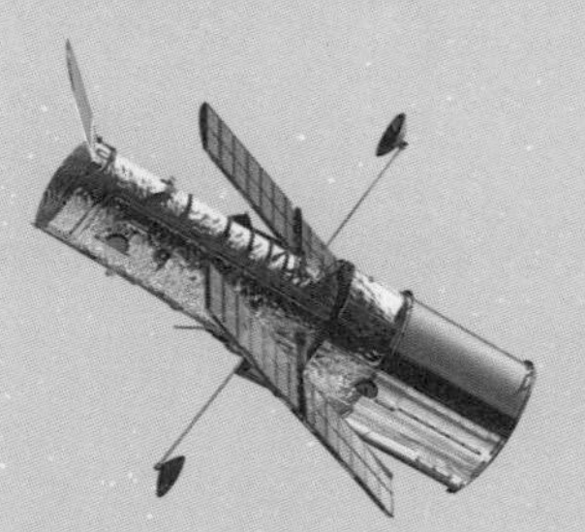

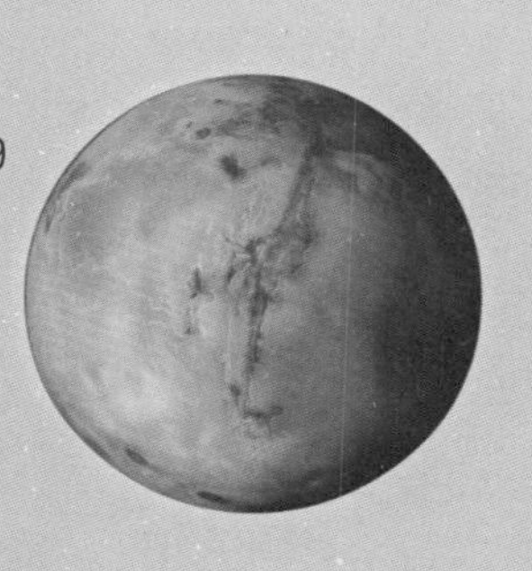

第二章 地球家园

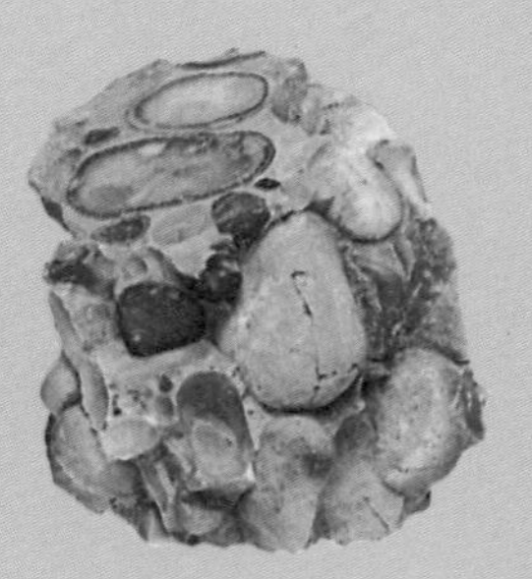

第三章 生命的诞生与微生物

第四章
气象万千

第五章
动物世界

第六章

植物王国

1 第一章 神秘宇宙

宇宙是怎么产生的？它的年龄有多大？宇宙大家庭都有哪些成员？神秘的宇宙从古至今吸引着人类的目光，人们一直在对它进行不尽的探索。想了解宇宙的奥秘吗？让我们一起遨游太空吧。

宇宙的历史

▶▶ YUZHOU DE LISHI

关于宇宙的历史真相，现在还没有定论，有的只是科学家根据各种理论提出的设想。不过，这些设想都有科学依据，能够帮助我们来认识宇宙。

宇宙的起源

关于宇宙的起源，大多数天文学家认为，在80亿年—160亿年之前，所有的物质和能量，甚至太空本身，全都集中在同一地点。当时可能发生了一次大爆炸，几分钟内，宇宙的基本物质，如氢和氦，开始出现，这些气体聚集成巨大的天体——星系。

宇宙大爆炸理论是由美国科学家伽莫夫等人于20世纪40年代提出的，得到了众多宇宙学研究者的赞同，成为当今最有影响力的宇宙起源学说。

知识小链接

乔治·伽莫夫

美国核物理学家、宇宙学家。他生于俄国，在列宁格勒大学毕业后，曾前往欧洲数所大学任教。1934年移居美国，以倡导宇宙起源于“大爆炸”的理论闻名。

宇宙的年龄

所谓“宇宙的年龄”，就是宇宙诞生至今的时间。美国天文学家哈勃发现：宇宙自诞生以来一直在急剧膨胀着，这就使天体间都在相互退行，并且其退行的速度与距离的比值是一个常数。这个比例常数就叫“哈勃常数”，只要我们测出了天体的退行速度和距离，就测出了哈勃常数，也就能够推算宇宙的年龄了。

可是，不同的天文学家得出的宇宙年龄却相差甚远，大致在100亿年—200亿年的范围内，众说不一。一般认为宇宙的年龄大约为150亿年。

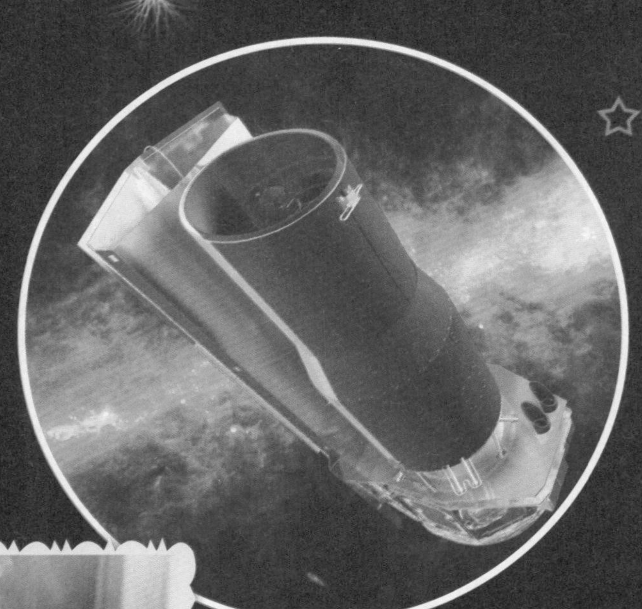

知识小链接

埃德温·哈勃

美国天文学家埃德温·哈勃(1889—1953)是研究现代宇宙理论最著名的人物之一。他发现了银河系外星系的存在及宇宙在不断膨胀，是银河外天文学的奠基人和提供宇宙膨胀理论实例证据的第一人。

宇宙的未来

对于宇宙的未来，科学家有很多设想，主要有开放型宇宙、封闭型宇宙等。开放型宇宙理论认为，宇宙中的物质密度如达不到极限，就将一直膨胀下去；如果达到极限，将产生一个平坦而开放的宇宙。封闭型宇宙理论认为，宇宙中的物质密度超过极限就会停止膨胀并开始收缩，宇宙中所有的物质都将被黑洞吸收。

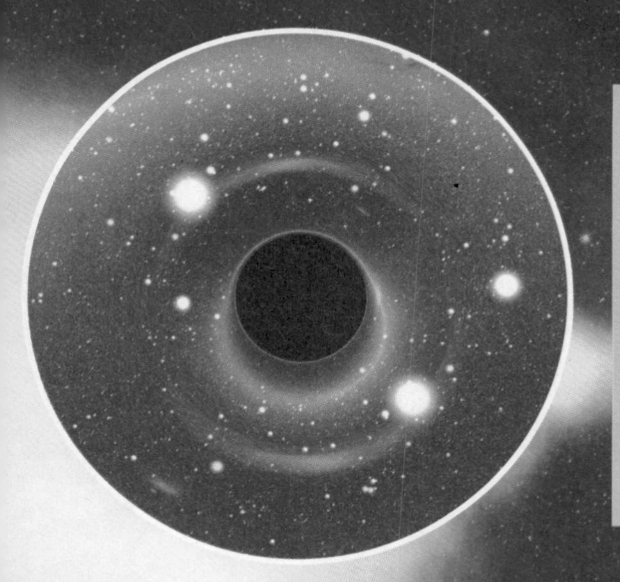

知识小链接

黑　洞

黑洞是一种引力极强的天体，就连光也不能逃脱它的引力。根据科学家的推测，黑洞是由恒星形成的。当恒星小到一定程度时，就连垂直表面发射的光都无法向外射出，从而切断了恒星与外界的一切联系，这时恒星就变成了黑洞。黑洞就像无底洞，任何物质掉进去，都很难逃出来。

宇宙尘埃

▶▶ YUZHOU CHEN'AI

宇宙尘埃指飘浮在宇宙间的固体颗粒，它们大量地存在于无边无界的宇宙中。

尘埃的来源

宇宙尘埃的来源一直是一个难解之谜。一种说法认为，宇宙尘埃来源于温度相对比较低、燃烧过程比较缓慢的普通恒星，这些尘埃通过太阳风被释放出来，然后散布到宇宙空间中去。然而，根据对太阳风所含物质密度的研究，也有一些科学家认为太阳风并不能够提供有足够密度的宇宙尘埃。因此，另一种猜测认为，这些微小的尘粒很有可能来自于超新星的爆发。

尘埃的类型

宇宙尘埃大致有三种类型：第一种呈黑色或黑褐色，外表光亮耀眼，像闪亮的小钢球；第二种是暗褐色或稍带灰白色的球状、圆角状的小颗粒；第三种多无色或呈淡绿色，像玻璃球。

尘埃的作用

别看宇宙尘埃不起眼儿，却能对我们的生活产生不容忽视的影响。据统计，宇宙尘埃是地球上的第四大尘埃来源，每天约有 400 吨降落到地球上。这些尘埃对地球的环境与气候都造成了重要的影响。

宇宙的形状

▶▶ YUZHOU DE XINGZHUANG

宇宙是什么形状的呢？是像地球一样的圆形，还是像银河系一样的扁平形？这同样是令人费解的一个问题，人类至今也没有定论。

古人的看法

对于宇宙的形状，古代的人们有很多种看法：在我国，春秋时期有人提出天圆地方说，即“地像棋盘一样方，天像圆盖一样盖在上面”，天和地形成的整体像半球一样；古巴比伦人的宇宙观认为，宇宙的中央是高山形成的圆形大地，周围环绕着大海，海洋的尽头有高耸的悬崖峭壁，悬崖峭壁支撑着天空，是世界的屏障；古印度人的宇宙观认为，代表水的眼镜蛇上站着一只大海龟，海龟的硬壳上站着三只大象，大象驮着半圆形的大地，半圆形的大地中央是高山，太阳和月亮绕山运行。

今人的看法

经过多年的探索，一个由多国天文学家组成的研究小组，首次向人们展示了宇宙形成初期的景象，显示出当时的宇宙大小只相当于现代宇宙的千分之一，而且温度比较高。通过再现宇宙形成初期的景象，天文学家证实了这样一种观点：宇宙的形状是扁平的，而且自形成以来一直在不断扩展。

但是这种说法也未必完美，也有科学家坚持宇宙为球形、轮胎形或克莱因瓶形等观点。

宇宙还在不断扩大

我们的宇宙如同礼花扩散一样，正以飞快的速度向外延伸，于是星系间的空间也在不断地扩大。

有位科学家曾打过这样一个比方，他说：“如果把星系比作葡萄干，那么，宇宙就是一个烤着的，正在膨胀着的葡萄干面包。”意思是说，葡萄干的大小并没有变，而是面包（空间）在扩大。

宇宙的组成

YUZHOU DE ZUCHENG

宇宙是包括一切天体在内的无限空间。宇宙大得难以想象，科学家以光年（1光年是光在真空中1年内走过的路程，约等于94605亿千米）作为宇宙大小的计算单位。

星体

无边无际的宇宙

目前，科学界认为宇宙没有边界，它的空间和时间形成一个大小有限但是无边界的曲面。

星团

星云

星系

哈勃空间望远镜

银河系

▶▶ YINHEXI

我们看到的银河是银河系中的一部分。银河系是群星荟萃之地，其中包括无以计数的恒星。银河系是宇宙众多星系中的一个。

银河系的大小

银河系比太阳系大得多，它里面的恒星数目多达千亿颗，太阳也在其中，而太阳只是银河系中一颗微不足道的恒星。银河系是一个中间厚、边缘薄的扁平盘状体，银盘的直径约8万光年，中央厚约1万光年。太阳系居于银河系边缘，距银河系中心约3万光年。

银河系侧视图

银河系俯视图

银河系中有多少星球能生存生命

银河系中有许多星球，其中到底有多少能生存生命呢？我们一起分析下：能生存生命的星球寿命要长，足以使生物进化；温度范围也要相当广；附近要有一个类似太阳的黄色、至少是橙色的星，其周围要有约10颗行星，其中3颗还要在适当的范围内，还要有水和空气……

尽管如此，我们计算一下，也会有不少吧。

星云

▶▶XINGYUN

星云是由星际空间的气体和尘埃结合成的云雾状天体。星云里的物质密度是很低的；若拿地球上的标准来衡量的话，有些地方是真空的。可是星云的体积十分庞大，直径可达几十光年。所以，一般星云比太阳要重得多。

玫瑰星云

蝴蝶星云

星云的发现

1758年8月28日晚，一位名叫梅西耶的法国天文学家在巡天搜索彗星的观测中，突然发现一个在恒星间没有位置变化的云雾状斑块。梅西耶根据经验判断，这块斑形态类似彗星，但它在恒星之间没有位置变化，显然不是彗星。这是什么天体呢？后来，英国天文学家威廉·赫歇尔经过长期观察核实，将这些云雾状的天体命名为星云。

发射星云

发射星云是受到附近高温恒星的激发而发光的，这些恒星所发出的紫外线会电离星云内的氢气，令它们发光。

女巫头星云

反射星云

反射星云是靠反射附近恒星的光线而发光的，呈蓝色。反射星云的光度较暗弱，较容易观测到的例子是围绕着金牛座 M45 星团的反射星云。在透明度高及无月的晚上，利用望远镜便可看到整个星团是被淡蓝色的星云包裹着的。

夏普勒斯星云

暗星云

如果星云附近没有亮星，则将是黑暗的，即暗星云。暗星云由于既不发光，也没有光供它反射，但是将吸收和散射来自它后面的光线，因此可以在恒星密集的星系中，在明亮的弥漫星云的衬托下被发现（比如马头星云）。

星云和恒星

星云和恒星有着“血缘”关系。恒星抛出的气体将成为星云的组成部分，星云物质在引力作用下也可能被压缩为恒星。在一定条件下，星云和恒星是能够互相转化的。

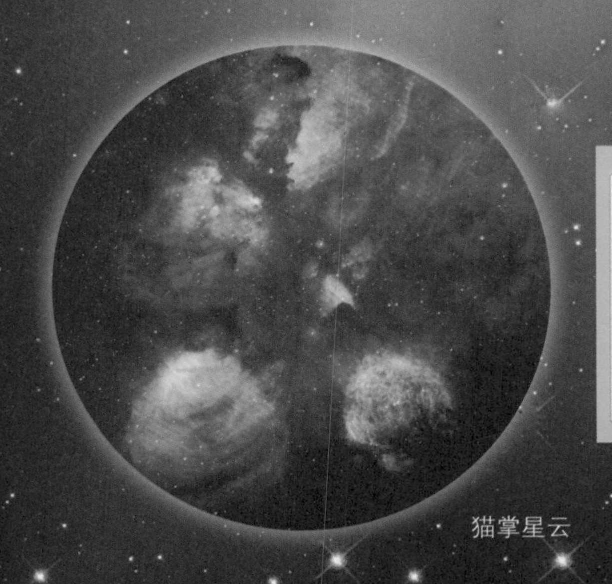
猫掌星云

知识小链接

查尔斯·梅西耶

查尔斯·梅西耶是法国天文学家，他率先给星云、星团和星系编上了号码，并制了系统的星云星团列表，即“梅西耶星云星团列表”。

星系

XINGXI

星系又被称为恒星系，是宇宙中庞大的星星的“岛屿”，也是宇宙中最美丽的天体系统。从 20 世纪初以来，天文学家在宇宙中发现了约 10 亿个星系。星系是由无数颗恒星和星际物质构成的庞大的天体系统，在宇宙空间中弥漫着。

星系的产生

关于星系的产生，一种学说认为，星系是在宇宙大爆炸中形成的；而另一个学说认为，星系是由宇宙中的微尘形成的。

不规则星系

外形不规则，没有明显的核和旋臂，没有盘状对称结构或者看不出有旋转对称性的星系被称为不规则星系。

伴星系

主星系

棒旋星系

旋涡星系

旋涡星系就像水中的旋涡一样，一般是从核心部分螺旋式地伸展出几条旋臂，形成旋涡形态和结构。

椭圆星系

椭圆星系和它的名字一样，外形呈正圆形或椭圆形，中心亮，边缘渐暗。

棒旋星系

棒旋星系的主体像一条长长的棍棒，棒的两端，有向不同方向伸展的旋臂。这类星系有的很像旋涡星系，有的则和不规则星系长得很像。

椭圆星系

旋涡星系

不规则星系 M82

星团

XINGTUAN

星团是指恒星数目超过10颗以上，并且相互之间存在引力作用的星群。星团按形态和成员星的数量等特征分为两类：疏散星团和球状星团。

疏散星团

由十几颗到几千颗恒星组成的、结构松散、形状不规则的星团被称为疏散星团。在银河系中，它们主要分布在银道面，被叫作银河星团，主要由蓝巨星组成，例如昴宿星团（又名昴星团）。

疏散星团的直径大多数在3~30多光年范围内，有些疏散星团很年轻，与星云在一起（例如昴星团），有的甚至还在形成恒星。

璀璨的杜鹃座球状星团

球状星团

由几万颗到上百万颗恒星组成、整体像球形、中心密集的星团被称为球状星团。球状星团呈球形或扁球形，与疏散星团相比，它们是紧密的恒星集团。这类星团包含大量恒星，成员星的平均质量比太阳略小。用望远镜观测，在星团的中央，恒星非常密集，不能将它们分开。

移动星团

有些银河星团的成员星自行速度和方向很相近，有从一个辐射点分散开来或向一个会聚点会集的倾向。这种可定出辐射点或会聚点的星团被称为移动星团。移动星团是疏散星团的一类，如大熊星团。

恒星爆炸

恒星

HENGXING

恒星是指自己会发光，且位置相对稳定的星体，是宇宙中最基本的成员。古人以为恒星的相对位置是不变的，其实，恒星不但自转，而且都以各自的速度在飞奔，只是由于相距太远，人们不易觉察而已。

恒星的成分

恒星是由大团尘埃和气体组成的星云凝聚收缩而成的，其主要成分是氢，其次是氦。在恒星内部，每时每刻都有许多“氢弹”在爆炸，使恒星像一个炽热的气体大火球，长期不断地发光发热，并且，越往内部，温度越高。恒星表面的温度决定了恒星的颜色。

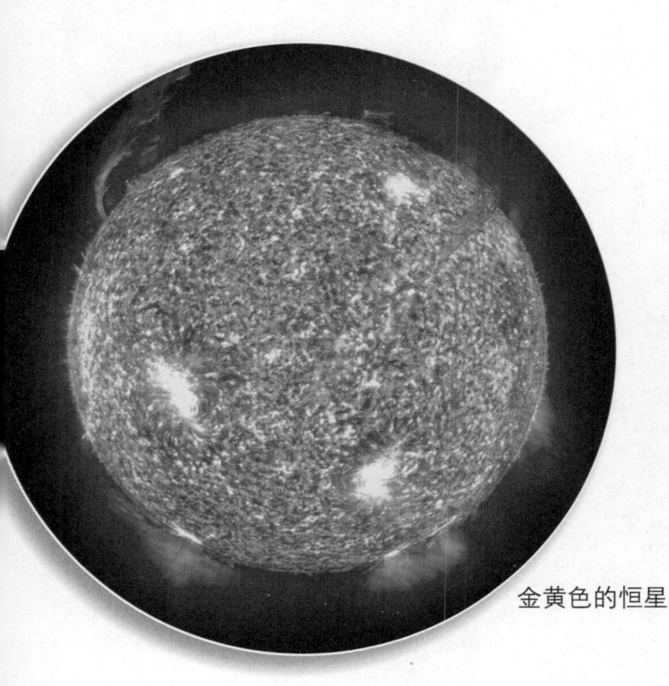

金黄色的恒星

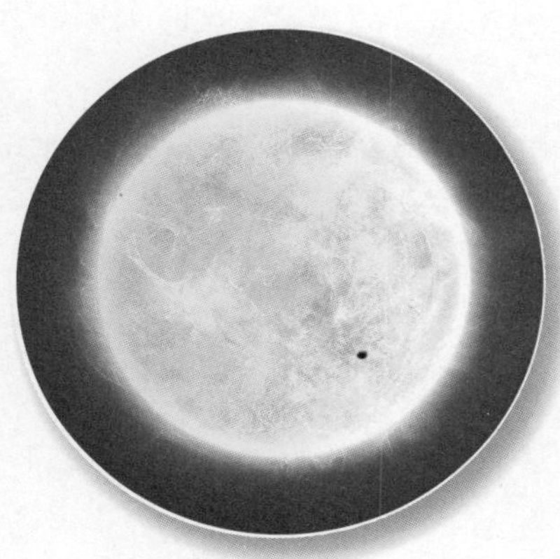

白色的恒星

恒星的灭亡

我们以太阳为例来说明。现在太阳的年龄约为46亿年，估计还能稳定地燃烧50亿年，而后太阳可能会突然膨胀起来，变成一个大火球，所有生命都将毁灭。这时太阳进入晚年阶段，逐渐变成巨星、超巨星。

超巨星时而膨胀，时而收缩，当内部燃料耗尽时将会爆炸。于是，一颗本来很暗的恒星，会突然成为异常耀眼的超新星。

超新星爆发后，恒星彻底解体，大部分物质化为云烟和碎片，剩下的部分迅速收缩为中子星、白矮星或黑洞。白矮星在收缩过程中，释放出大量能量而白热化，发出白光，然后逐渐冷却、变暗，最终变成体积更小、密度更大、完全不能发光的黑矮星。

知识小链接

黑矮星

黑矮星是中小质量恒星演化的最后期，大约1个太阳质量恒星演化的终极产物。它由低温简并电子气体组成，由于整个星体处于最低的能态，因此无法再产生能量辐射了。

星座

XINGZUO

星座是指天上一群在天球上投影位置相近的恒星的组合。不同文明、不同历史时期对星座的划分可能不同。现代星座大多由古希腊传统星座演化而来。1928年,由国际天文学联合会把全部天空精确划分为88个星座。

星座的命名

星星有的距离我们近，有的距离我们远，位置各不一样。星星的排列也呈现出各种各样的形状。自古以来，人们对此很感兴趣，很自然地把一些位置相近的星联系起来，称为星座。

星座的名称,有的取自古代神话中的人物,如仙女星座、仙后星座等；有的是将星座中主要星体的排列轮廓想象成各种器物或动物形象而命名的，如船帆星座、天鹅星座等。

猎户座

星座的形状变化

经过很长的时间，恒星的位置也发生了变化。可是恒星距我们很远，即使以飞快的速度运动，如果没有精确地测量，我们也无法知道其发生了变化。例如，牧夫星座的一等星 γ 星在距我们 36 光年的地方，大约以每秒 125 千米的速度横向移动，其移动距离尽管很远，但我们也要用 800 年的时间，才能观察到。人们称每个恒星的这种运动为固有运动。

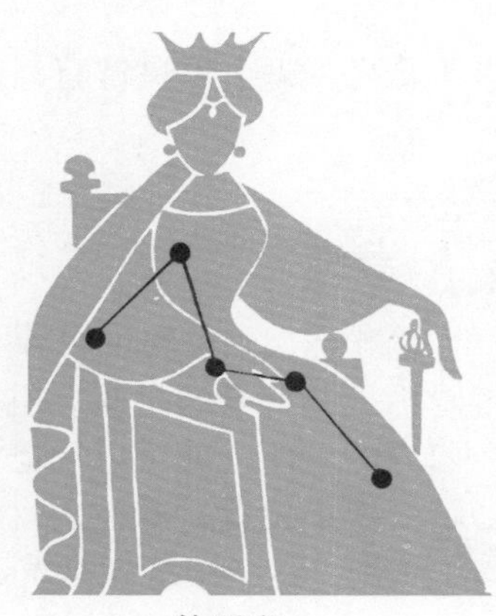
仙后座

知识小链接

黄道 12 星座

从地球上看，太阳一年都穿行在星星之间。太阳穿行的路线就被称为“黄道”。一年内有 12 个星座在黄道上，故被称作“黄道 12 星座”。黄道 12 星座是最早被定名的星座。

黄道 12 星座

总之，每个恒星都有其固有运动，星座的形状经过几万年后不知会变成什么样子。

黄道

地球绕太阳公转 1 周需要 1 年。在阳光照射的白天，只要不是日全食的日子，就看不见其背景的星座。但是，如果观察黎明时出现在东方的星座，黄昏时出现在西方的星座，就可以知道，太阳是以什么星座的星星为背景而发光的。地球因公转变换了位置，看上去就好像太阳在星空向东运行，花费 1 年时间在星座之间转了 1 周，这条路线就是黄道。

太阳系

TAIYANGXI

太阳系是由太阳、八大行星及其卫星、小行星、彗星、流星等构成的天体系统。太阳是太阳系的中心，小行星是太阳系小天体中最主要的成员。

星云说

星云说是关于太阳系起源于原始星云的各种假说的总称。假说主要分两种，一种认为太阳和行星、卫星等天体都产生于同一星云，而且是同时产生的，这种假说叫“共同形成说”；另一种认为太阳先由一团星云生成，然后通过俘获周围弥漫的物质形成行星云，继而行星、卫星等其他天体才产生，这种假说叫“俘获说”。

太阳系的形成

根据“星云说”的“共同形成说”，太阳系具体形成过程如下：

1. 气体与尘埃的云团在引力的作用下，收缩成圆盘形的云，并开始慢慢地旋转。

2. 尘埃相互粘在一起，体积变大，沉淀于气体圆盘的中心，形成了薄薄的尘埃圆盘。

3. 气体圆盘破裂，形成了无数类似小行星的物体，在其中心部分产生了“星体”类的物体。

4. 闪闪发光的中心部分变成太阳，周围物质变成行星、彗星、卫星等。

5. “星体”类物质逐步收缩而开始发光，类似小行星的物质在其周围旋转、碰撞，吸引住附近的物质，越变越大。

> 知识小链接
>
> **为什么星星多是圆的？**
>
> 如果不受外力的作用，一切物体在万有引力的作用下都有向中心聚集的趋势。最集中的结果就是圆球形。星星虽然表面上是固体的，但是固体也是有变形性的，并且固体碎颗粒是可以移动的，这些都使星星向球形转变成为可能。

行星

XINGXING

行星通常指自身不发光、环绕着恒星运动的天体。其公转方向常与所绕恒星的自转方向相同。一般来说，行星需具有一定质量，行星质量足够大且近似于圆球状，自身不能像恒星那样发生核聚变反应。

小行星

小行星是太阳系内类似行星环绕太阳运动，但体积和质量比行星小得多的天体。它们大都是不规则的形状，主要原因有两个：第一，引力不够，无法让它们成为球体。第二，小行星没有正规轨道，它的移动可能会造成撞击。比较著名的小行星有谷神星、婚神星、爱神星、智神星、灶神星等。

知识小链接

被开除行星“星籍”的冥王星

冥王星是1930年由美国天文学家董波发现的。国际天文联合会于2006年8月24日投票决定，不再将冥王星看作大行星，而将其列入“矮行星”的行列。因为新的大行星定义要求行星轨道附近不能有其他小天体。冥王星的轨道与海王星重叠，因此，根据新的定义，它只能算是一个矮行星。

卫星

卫星是指围绕一颗行星按一定轨道做周期性运行的天然天体或人造天体，很多行星都有自己的天然卫星。月球是很典型的天然卫星。人造卫星是由人类制造的类似天然卫星的装置。

知识小链接

最早挂在天上的五大卫星

第一颗人造卫星是苏联制造的，第二颗是美国的“探险者”1号，第三颗是法国的试验卫星1号，第四颗是日本的“大隅”号卫星，第五颗是中国的“东方红”1号。

太阳

TAIYANG

太阳是太阳系的中心天体，是距离地球最近的一颗恒星。

太阳的概说

太阳的质量约为地球的 33 万倍，体积约为地球的 130 万倍，直径约为地球的 109 倍。但在恒星的世界里，太阳其实很普通。

太阳是一个炽热的气体球，表面温度约 6000℃，内部温度约 1500 万℃。其主要成分是氢和氦（氢约占总质量的 71%，氦约占 27%），还有少量碳、氧、氮、铁、硅、镁、硫等。太阳内部从里向外，由核反应区、辐射区和对流区三个层次组成。太阳表层被习惯性称为“太阳大气层”，由里向外，它又分为光球、色球和日冕三层。

太阳也自转，自转周期在日面赤道带约为 25 天，越靠近两极越长，在两极区约为 35 天。

太阳黑子

太阳黑子（sunspot）是在太阳的光球层上出现的暗斑点，太阳黑子的出现是太阳活动中最基本、最明显的。一般认为，太阳黑子实际上是太阳表面一种炽热气体的巨大旋涡，温度大约为 3000℃ ~4500℃。因为其温度比太阳的光球层表面温度要低 1000℃ ~2000℃（光球层表面温度约为 6000℃），所以看上去像一些深暗色的斑点。

太阳的结构

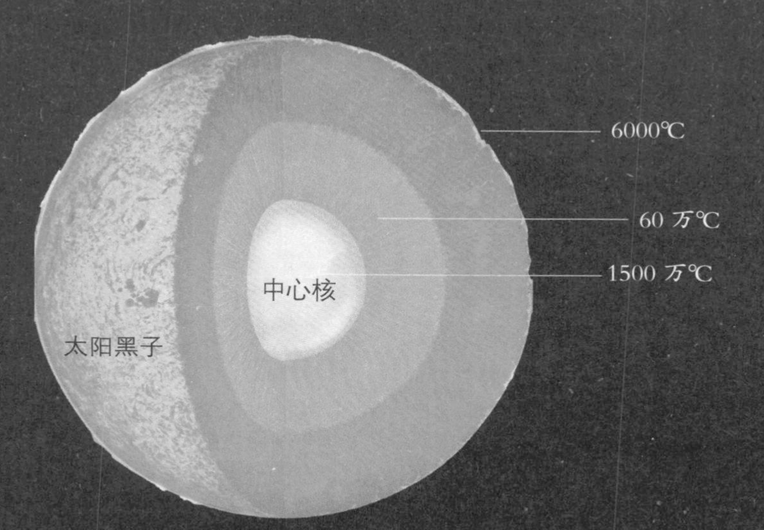

太阳系八大行星

太阳系中有八大行星，它们是：表面凹凸不平的水星，明亮美丽的金星，人类的家园——地球，太空中的“地球”——火星，体形最大的木星，身着彩环的土星，躺着自转的天王星，“算”出来的海王星。其中，水星、金星、地球、火星是类地行星，其他几个是类木行星。

类地行星是以硅酸盐石作为主要成分的行星，它们的表面一般都有峡谷、陨石坑、山和火山。

类木行星主要是由氢、氦和冰等组成，不一定有固体的表面。

月球

▶▶ YUEQIU

月球，又名月亮，是环绕地球运行的唯一一颗天然卫星，也是离地球最近的天体（与地球之间的距离大约是384402千米）。

月球

月球的概况

月球的年龄大约有46亿年，直径约为地球的1/4，体积只有地球的1/49，质量约为地球的1/81.3，月球表面的重力约是地球重力的1/6。月球是人类迄今为止唯一登上过的天体。

苏东坡的《水调歌头·明月几时有》中有一句："人有悲欢离合，月有阴晴圆缺。"为什么说"月有阴晴圆缺"呢？

如果你回答说是因为月亮的形状发生了改变，那就大错特错了。事实上，月亮的圆缺变化是由于太阳、月亮和地球之间的相对位置发生变化所形成的。当月亮处在地球和太阳中心的时候，我们就看不到月亮，此时被称之为新月；接下来，月亮沿着它的轨道慢慢地转过来，我们就会看到弯弯的月牙；等到月亮变成一半的时候，就出现了上弦月；随着月亮的逐渐长胖，我们就看到了满月；满月只可维持一两天，然后就又开始变瘦；剩下一半的时候，即是下弦月；随着月亮越来越瘦，又变成了弯弯的月牙，然后消失不见了，此时的月亮被称之为残月。残月过后，就又会开始新一轮的变化，所以我们看到的月亮是每天都在变化着的。

知识小链接

月球上为何没有空气？

月球上之所以没有空气是因为它的重力太小。因为重力的作用，你站在地面向上投掷东西，东西很快就会落回地面上。投掷的速度越快，力量越大，东西飞得就越高。由于月球重力极小，所以，在月球刚刚诞生的时候，即使从岩石缝里渗出了一些空气，这些空气也早就跑光了。

人类首次登月的发现

1969 年 7 月 20 日，美国“阿波罗”11 号宇宙飞船在月球表面着陆，阿姆斯特朗首先踏上月球。宇航员发现，由于月球上没有大气，所以仰望太阳时，比在地球上看它明亮几百倍。由于没有大气的散射光，即使在白天，月球的天空也是漆黑一片，繁星既明亮又不闪烁，极其美丽。因为月球上没有能调节气温的大气和海洋，昼夜温度变化极大。在月球赤道处，中午气温高达 127℃，黎明前则下降到 –183℃。不过，在月面下 1 米深处，温度几乎稳定在零下几摄氏度。将来人类要到月球上居住，只要挖个不太深的洞穴，就能免受温差剧变之苦了。月球没有磁场，无法靠指南针辨别方向。好在月球上昼夜繁星闪烁，完全能靠星座来确定方向和位置。

登陆月球

日食和月食

RISHI HE YUESHI

日食、月食发生在太阳、月亮和地球处于同一直线上时。

日食概念图

日食、月食的概念

当月亮位于太阳和地球之间时，月亮就会遮住太阳，这时太阳看上去就像缺了一部分，从而形成日食。当地球行至太阳与月亮之间时，月亮则进入地球的阴影之中，黯然失色，就出现了月食。日食主要分为全食、偏食、环食，月食主要分为全食、偏食。

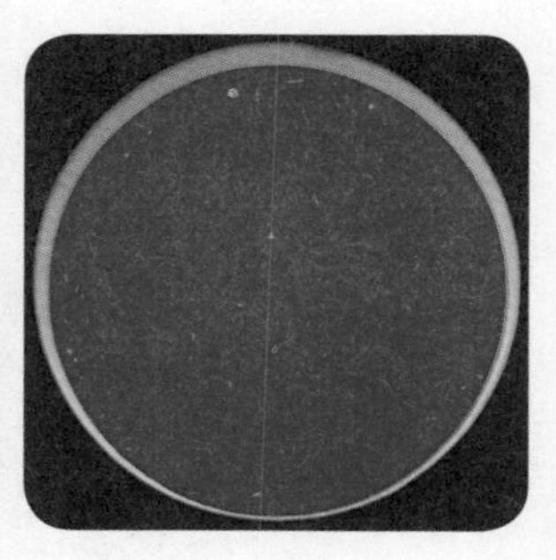

日环食

发生时间

月食都发生在农历十五或十五日以后一两天。月食是月球进入地球阴影之中的一种现象，此时处于夜晚之中的地区都可以看到它。日食是地球位于月球阴影中的现象，由于月球阴影较小，可以观察到日食的地域很狭窄，所以日食的时间也很短暂。

日全食

金星

JINXING

金星有很多名字：启明星、长庚星等。它是肉眼能看到的天空中除太阳和月亮以外最亮的星体，所以又叫“太白金星”。

金星的概说

金星的体积、质量都和地球相近。它也有大气层，靠反射太阳光发亮。金星的大气中有一层又热又浓又厚的硫酸雨滴和硫酸雾云层。大气的主要成分是二氧化碳，占 97%。金星表面的大气压力为 90 个标准大气压，相当于地球上海洋 1 千米深处的压力。金星地面温度约 480℃。

探测器拍摄的金星照片

形体特征

金星是一颗类地行星，因为其质量与地球类似，有时也被人们叫作地球的“姐妹星”。金星也是太阳系中唯一一颗没有磁场的行星。

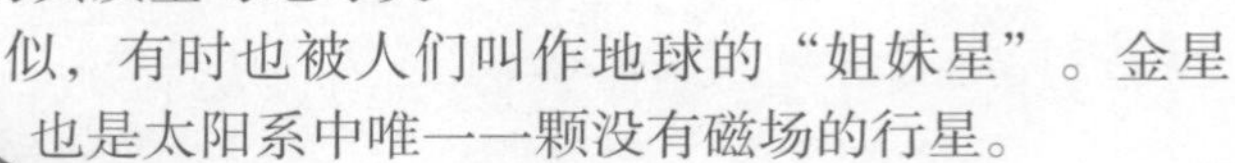

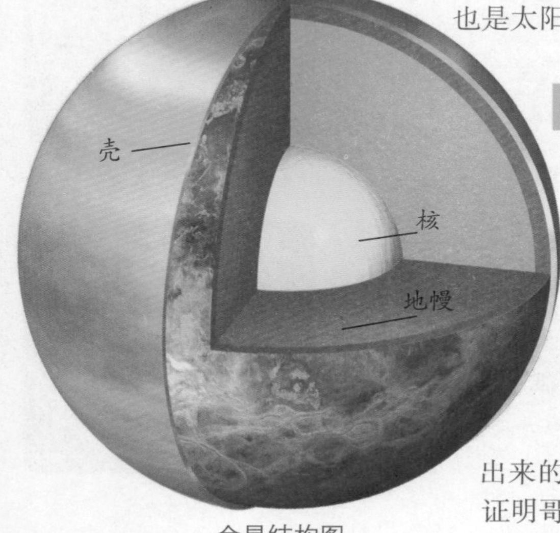

金星结构图

公转和自转

金星绕太阳公转 1 周的时间相当于地球上的 225 天，自转周期为 243 天。

金星的位相变化

金星同月球一样，也具有周期性的圆缺变化（位相变化）。但是由于金星距离地球太远，所以肉眼是无法看出来的。金星的位相变化，曾经被伽利略当作证明哥白尼的日心说的有力证据。

水星

▶▶ SHUIXING

水星是距太阳最近的行星，也是八大行星中最小的行星，但仍比月球大约1/3。水星是太阳系中运动最快的行星，它绕太阳1周的周期为88天。

水星表面坑坑洼洼

表面温差大

由于距离太阳近，所以在水星上看到的太阳的大小，是地球上看到的2倍—3倍，光线也增强10倍左右。水星向着太阳的一面温度可达400℃。由于水星引力小，表面温度高，很难保持住大气，缺乏大气致使背向太阳的一面温度可降至–160℃。

表面坑洼多

水星常与接近太阳的陨星及来自太阳的微粒相撞，所以表面粗糙不堪。水星只能于傍晚或黎明在稍有亮度的低空才能看到，在大城市则很难看见。

未来人类居住地

在水星南北极的环形山是一个很有可能成为地球外人类居住地的地方，因为那里的温度常年恒定（大约– 200℃）。这是因为水星微弱的轴倾斜以及基本没有大气，所以有日光照射的部分的热量很难传递至此，即使水星两极较为浅的环形山底部也总是黑暗的。适当的人类活动能将之加热以达到一个令人舒适的温度，周围相比大部分的区域来说较低的环境温度能使散失的热量更易处理。

美国“水手”10号宇宙探测器拍摄的水星照片，其表面有环形山，与月面相似

火星

HUOXING

火星是地球的近邻。用肉眼观察，它的外表荧荧如火，亮度、位置常变化，因此我国古代称它为“荧惑”，认为它是不吉利的星。

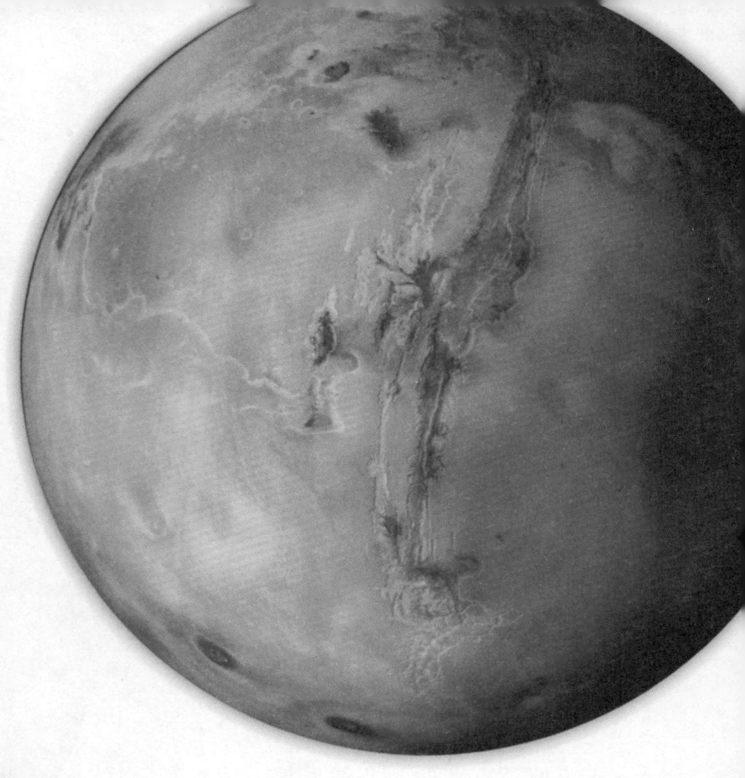

火星

壳
幔
核

火星结构图

火星的概说

火星上也有四季及白天黑夜的更替变化；它的自转周期与地球相近，为 24 时 37 分；在火星上看到的太阳也是东升西落的。但是，火星公转 1 年的时间相当于地球上的 687 天。火星白天最高温度可达 28℃，而夜间可降到 –132℃左右。它的直径约为地球的半径那么长，体积只有地球的 15%，质量也只有地球的 11%。

火星的地形特征

火星基本上是沙漠行星，地表沙丘、砾石遍布，沙尘悬浮其中，每年常有沙尘暴发生。与地球相比，火星地质活动不活跃，地表地貌大部分是远古较活跃的时期形成的，有密布的陨石坑、火山与峡谷。另一个独特的地形特征是南北半球的明显差别：南方是古老、充满陨石坑的高地，北方则是较年轻的平原。

水的存在

在火星表面的低压下，水无法以液态存在，只在低海拔区可短暂存在。而火星上冰倒是很多，如两极冰冠就包含大量的冰。2007 年 3 月，美国航空航天局就声称，南极冠的冰假如全部融化，可覆盖整个星球达 11 米深。另外，地下的水冰永冻土可由极区延伸至纬度约 60 度的地方。

湖的遗迹

环绕火星的卫星证实了照片上巨大的陨石坑曾经是一个火山湖。火星车在一个水流的沉积物形成的扇形三角洲着陆，发现了它。这个 65 千米宽的陨石坑虽然已经彻底干枯了，但是这种迹象表明古老的火星上曾经很湿润。

知识小链接

火星人存在吗？

火星上大气稀薄，主要成分是二氧化碳，表面布满沙丘、岩石和火山口。科学家普遍认为，火星上没有外星人，甚至没有生命。

木星

MUXING

木星是太阳系八大行星中最大的一个，它能装下1300多个地球，太阳系里所有的行星、卫星、小行星等大大小小天体加在一起，也没有木星的分量重。

木星的概说

木星自转一周为9时50分，是八大行星中自转最快的。它呈明显的扁球状，其赤道附近有一条条明暗相间的条纹，呈黄绿色和红褐色，那就是木星大气中的云带。云带把木星紧紧地裹住，使我们无法直接看到它的表面。

木星大红斑

木星的大气层

由于木星快速的自转，木星的大气显得非常“焦躁不安”。木星的大气非常是一个复杂多变，木星云层的图案每时每刻都在变化。我们在木星表面可以看到大大小小的风暴，其中最著名的风暴是"大红斑"，这个巨大的风暴已经在木星大气层中存在了几百年。大红斑有 3 个地球那么大，其外围的云系每 4—6 天即运动一周，风暴中央的云系运动速度稍慢且方向不定。

木星的卫星

木星是人类迄今为止发现的天然卫星最多的行星，目前已发现 60 多颗卫星。其中有 4 个主要卫星是在 1610 年由伽利略发现的，合称伽利略卫星。卫星中体积最大的木卫三的直径甚至大于水星的直径。

土星

TUXING

土星设计图

土星是体积仅次于木星的第二大行星，也有很多天然卫星，其最大特征是拥有一个巨大的光环。

土星概说

土星的公转周期为29.46年，自转周期很短，为10时14分。土星的外表呈椭圆形，与木星相比显得更扁。土星表面的条纹与木星相似，是由土星外侧的大气及云层形成的。通过观测得知，其大气主要由氢、氦、水、甲烷等气体及结晶构成。表面最高温度约为-150℃。

土星的结构

现在认为，土星形成时，起先是土物质和冰物质聚积，继之是气体积聚，因此土星有一个直径2万千米的岩石核心。这个核占土星质量的10%～20%，核外包围着5000千米厚的冰壳，再外面是8000千米厚的金属氢层，金属氢之外是一个广延的分子氢层。

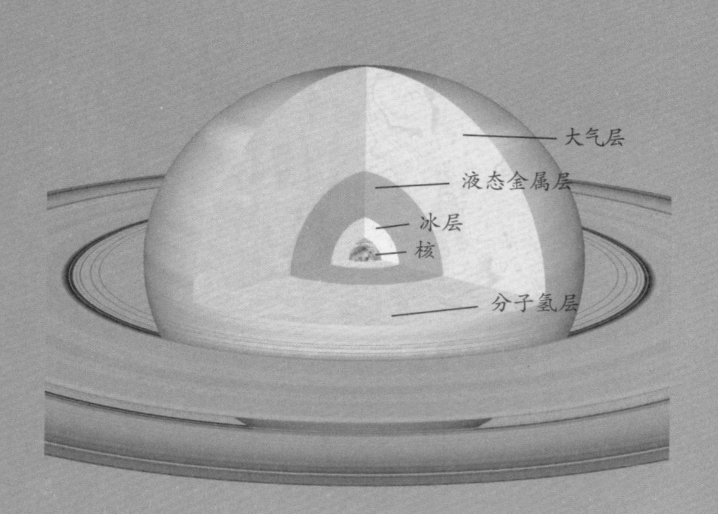

土星环

1610年，意大利天文学家伽利略观测到在土星的球状本体旁有奇怪的附属物。1659年，荷兰学者惠更斯证实这是离开本体的光环。1675年意大利天文学家卡西尼发现土星光环中间有一条暗缝（后称卡西尼环缝），他还猜测光环是由无数小颗粒构成，两个多世纪后的分光观测证实了他的猜测。但在这200多年间，土星环通常被看作是一个或几个扁平的固体物质盘。直到1856年，英国物理学家麦克斯韦从理论上论证了土星环是无数个小卫星在土星赤道面上绕土星旋转的物质系统。

知识小链接

土星的光环是由什么构成的？

土星的光环如果静止不动，就会被巨大的吸引力吸引而即刻脱落，只有旋转着才能保持平衡。光环是由一个个固体颗粒组成的，无数个固体小颗粒不断围着土星旋转，越靠中心部位，转速越快。人类通过日光反射、利用红外线等可看到光环。形成光环的颗粒，有的如沙子，有的像岩石，颗粒表面都覆盖着一层冰。

天王星

TIANWANGXING

天王星也是一个大行星，直径是地球的约 4 倍，体积是地球的 60 多倍。

天王星概说

天王星绕太阳公转1周为84.01年。天王星距离太阳的平均距离约为28.69亿千米，约等于地球与太阳距离的 19 倍。由于距离太阳十分遥远，所以它从太阳处得到的热量极其微弱。据测算，天王星的表面温度约为 −180℃。

自转的特点

天王星的自转周期为 23.9 小时，但它的自转运动非常奇特，如果把它的自转轴看作它的“躯干”，那么它不是立着自转，而是躺着自转的。

天王星

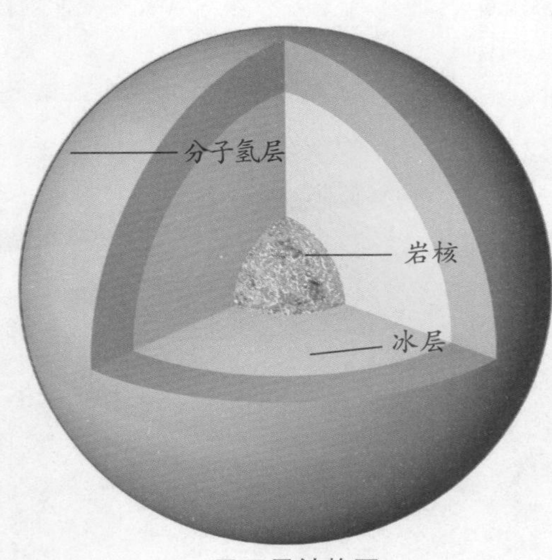

天王星结构图

天王星的卫星

目前已知天王星有20多颗天然卫星，这些卫星的名称都出自莎士比亚和蒲伯的剧作。5 颗主要卫星的名称是米兰达、艾瑞尔、乌姆柏里厄尔、泰坦尼亚和欧贝隆。

美丽的光环

天王星的周围也像土星那样，有一个美丽的光环，光环中包含着大大小小的环带。由于后来又发现了木星也有环，所以人们推测海王星也有环。看来，行星环是几个较大行星的共同特征。

天王星

天王星与地球的大小比较

知识小链接

天王星数据

离太阳的平均距离 2870.99×10^6 千米

赤道直径 51118 千米

公转周期 30685

自转周期 7.9 小时

质量 8.684×10^{25} 千克

海王星

HAIWANGXING

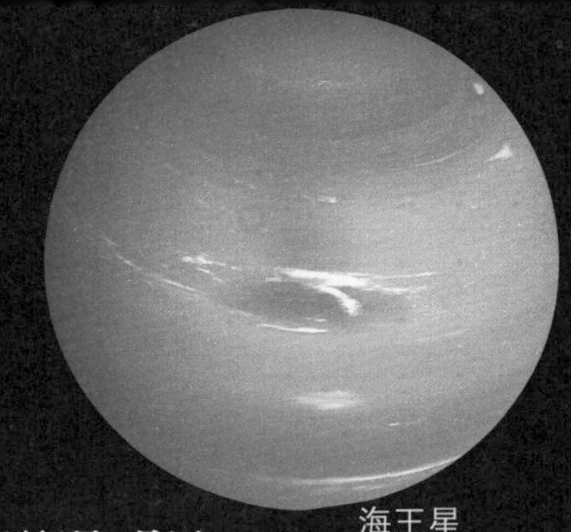

海王星

海王星是环绕太阳运行的第八颗行星，是围绕太阳公转的第四大天体（直径上）。海王星在直径上小于天王星，但质量大于天王星。

分子氢层
核
冰层

海王星结构图

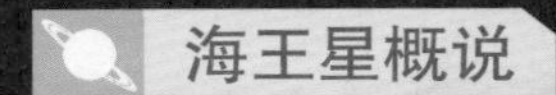

海王星概说

海王星绕太阳公转1周约为164.79年，自转周期约为22小时。海王星上也有四季变化，不过因为公转1周时间很长，因而四季变化十分缓慢。由于海王星离太阳很远，接收到的太阳光和热很少，因此它的表面又暗又冷，温度约-200℃。

海王星上的风暴

海王星上的风暴是类木行星中最强的，考虑到它处于太阳系的最外围，所接受的太阳光照比地球上弱1000倍，这个现象和科学家们原有的期望不符。人们曾经普遍认为行星离太阳越远，驱动风暴的能量就越少。木星上的风速已达数百千米/小时，而在更加遥远的海王星上，科学家发现风速没有更慢反而更快了（1600千米/小时）。这种明显反常的现象的一个可能原因是：如果风暴有足够的能量，将会产生湍流，进而减慢风速（正如在木星上那样）。然而在海王星上，太阳能过于微弱，一旦开始刮风，它们遇到的阻碍很少，从而能保持极高的速度。

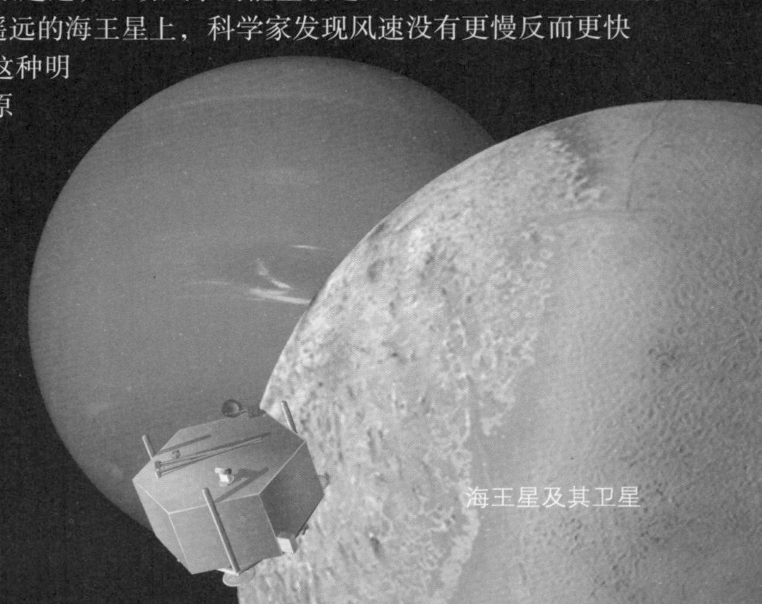

海王星及其卫星

海王星与地球对比

海王星的直径约5万千米，是地球直径的近4倍，与太阳的平均距离约为45亿千米，相当于地球与太阳距离的30倍。其质量大约是地球的17倍，而与海王星类似的天王星因密度较低，质量大约是地球的14.6倍。

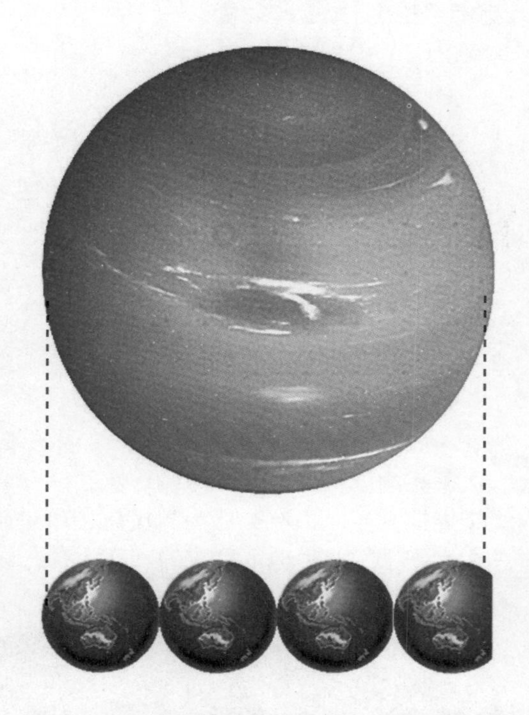

海王星与地球的大小比较

> 知识小链接
>
> **算出来的海王星**
>
> 18世纪，人们发现天王星总是偏离它应该走的路线。据此，德国天文学家贝塞尔认为可能有一颗未知的行星在影响着天王星的运动。一些人经过复杂的计算，推算出了它的位置，人们终于在1846年观测到了它。

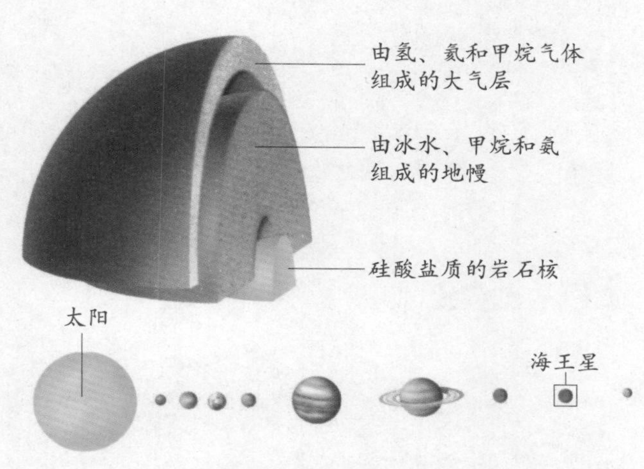

海王星结构及位置示意图

彗星

HUIXING

彗星的头部尖尖，尾部散开，好像一把扫帚，所以彗星也叫“扫帚星”。严格地说，彗星算不上是一颗星，它只是一大团“冷气”间夹杂着冰粒和宇宙尘埃，但它是一种不能忽视的天体。

彗星的起源

彗星的起源是个未解之谜。有人提出，在太阳系外围有一个特大彗星区，那里约有 1000 亿颗彗星，叫奥尔特云。由于受到其他恒星引力的影响，一部分彗星进入太阳系内部，又由于木星的影响，一部分彗星逃出太阳系，另一些被“捕获”成为短周期彗星。也有人认为彗星是在木星或其他行星附近形成的。还有人认为彗星是在太阳系的边远地区形成的。甚至有人认为彗星是太阳系外的来客。

1986 年 2 月出现的哈雷彗星

知识小链接

哈雷彗星

哈雷彗星是一颗著名的周期彗星。英国天文学家哈雷于1705年首先确定它的轨道是一个扁长的椭圆，并准确地预言了它以约76年的周期绕太阳运行。哈雷彗星的彗核长约15千米，宽约8千米，彗核表面呈灰黑色，反照率仅为4%左右。

彗星的构成

彗星分为彗核、彗发和彗尾3个部分。彗核由比较密集的固体块和质点组成，其周围的云雾状的光辉就是彗发。彗核和彗发合称彗头，后面长长的尾巴叫彗尾。这个扫帚形的尾巴，不是生来就有的，而是在接近太阳时，受到太阳风和太阳辐射压力的作用才形成的，所以常向背着太阳的方向延伸出去，离太阳愈近，这种作用愈强，彗尾也愈长。

望远镜拍摄的彗星

彗星多少年出现一次

彗星绕太阳转的周期是不相同的，周期最短的一颗叫恩克彗星，周期为 3.3 年，也就是每隔 3.3 年，我们就能看到它一次。从 1786 年被发现以来，恩克彗星已出现过近 70 次。有的彗星周期很长，要几十年甚至几百年才能看到一次。有的彗星轨道不是椭圆形的，这些彗星好像太阳系的“过路客人”，一旦离去，就不知它们跑到哪个“天涯海角”去了。

北斗七星

BEIDOU QIXING

晴朗的夜晚，在北方天空，可以看到排成勺子形的7颗亮星，这就是“北斗七星”。它们是大熊星座里的星星。

北斗七星的名字

北斗是由天枢、天璇、天玑、天权、玉衡、开阳、摇光七星组成的。古人把这七星联系起来想象成古代舀酒的斗的形状。天枢、天璇、天玑、天权组成斗身，古曰魁；玉衡、开阳、摇光组成斗柄，古曰杓。

知识小链接

北极星为什么能导航？

北极星属于小熊星座，距地球约400光年，是夜空能看到的亮度和位置较稳定的恒星。由于北极星最靠近正北的方位，千百年来地球上的人们靠它的星光来导航。

北斗七星的亮度

这7颗星亮度不同，有5颗比较亮，2颗不太亮。星星的亮度用星等来表示，星等数字越小，表示越亮。在北斗七星里，5颗比较亮的是二等星，其余2颗为三等星。

北斗七星的作用

北斗七星的“勺把”方向会随季节而变。古人曾说：“斗柄东指，天下皆春；斗柄南指，天下皆夏；斗柄西指，天下皆秋；斗柄北指，天下皆冬。”指的是，斗柄指向东面的时候就是春季，指向南面时就是夏季，指向西面时就是秋季，指向北面时就是冬季。由于远古时代没有日历，人们就用这种办法估测四季。

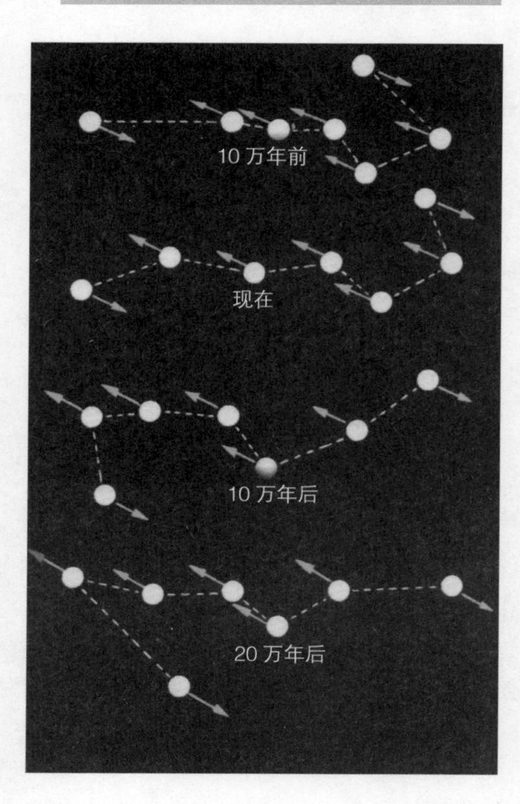

北斗七星的运动

箭头所指为恒星的运动方向

极光

▶▶ JIGUANG

极光是一种高层大气的发光现象。在地球南北两极附近地区的高空，夜间会出现灿烂美丽的光辉，这在南极被称为南极光，在北极被称为北极光。

形成的原因

极光的形成和太阳活动、地球磁场以及高空大气都有关系。太阳由于激烈活动，放射出无数的带电微粒。带电微粒流射向地球，进入地球磁场的作用范围时，会受其影响，沿着地球磁力线高速突入南北磁极附近的高层大气中，激起空气电离而发光，这就是极光。

> 知识小链接
>
> **为什么极光大多在两极出现?**
>
> 我们知道，指南针总是指着南方，这是受地球磁场的影响。由于地球的磁极在南北极附近，从太阳射来的带电微粒流，也要受到地球磁场的影响，总是偏向于地磁的南北两极，所以极光大多出现在南北两极附近。

中国也出现过极光

极光通常只出现在南北半球的高纬度地区，但中、低纬度地区偶尔也可见到。

1957 年 3 月 2 日晚上 7 点钟左右，我国黑龙江省漠河一带就出现过几十年少见的极光；同年 9 月 29 日到 30 日夜晚，我国北纬 40 度以北的广大地区，也曾出现过一次少见的瑰丽的极光。

极光

流星和陨石

▶▶ LIUXING HE YUNSHI

流星是宇宙中的小天体、尘埃等被地球引力俘获后，在进入大气层中时因高速与大气摩擦产生高热，从而发光形成的。绝大部分流星体在大气层已烧毁而不会到地面上，只有体积较大的小天体，在大气层中来不及烧完就落到地面上，这才形成了陨石等陨星。

流星

分布在星际空间的细小物体和尘粒叫作“流星体”。成群地绕太阳运动的流星体为流星群。当闯入地球大气圈时，表现为流星雨。每年都会出现的著名流星雨，包括 8 月的英仙座流星雨，11 月的狮子座流星雨等。

流星雨

陨石

大质量流星体在地球大气圈中未被烧毁而落到地面的残骸称为陨星。陨星按化学成分分为三类：石陨星、铁陨星和石铁陨星，其中石陨星就是陨石。陨石的来源可能是小行星、卫星或彗星分裂后的碎块，因此，陨石中携带了这些天体的原始材料，包含着太阳系天体形成演化的丰富信息。目前，全世界已搜集到3000多次陨落事件的标本，其中著名的有中国吉林1号陨石、美国诺顿陨石等。

吉林1号陨石

地球上有许多陨石坑，它们是陨石撞击地球的产物。然而由于地球的风化作用，绝大多数早已被破坏得无法辨认了，现在尚能辨认的有150多个。

亚利桑那州大陨石坑

2 第二章 地球家园

从太空看地球，蓝色的球体上飘着白云，透过云隙可以看到绿色和黄色相间的陆地。随着地球的自转，白日和黑夜的分界线在不断移动，地球上各处的色彩也在不断变幻。处于黑夜的地面透出了片片灯光，使我们可以清晰地看出那里是繁华的城市。如果我们采用一些特殊的办法，去掉云层的影响，则可以更清楚地看清海洋与大地。这颗太阳系中最漂亮的行星就是我们的生命家园。

地球的形成

DIQIU DE XINGCHENG

地球起源于原始太阳星云，已经是一个46亿岁的老寿星了。约在30亿—40亿年前，地球已经开始出现最原始的单细胞生命，后来逐渐进化，出现了各种不同的生物。

星云说

关于地球形成的科学假说很多，目前比较流行的是德国哲学家康德在1755年提出的“星云说”。他根据当时的天文观测资料，认为大约在100亿年前，宇宙中存在着原始的分散的物质微粒，这些物质微粒产生围绕着中心的旋转运动，并逐渐向一个平面集中，最后中心物质形成太阳，赤道平面上的物质则形成地球等行星和其他小天体。

迷人的地球

地球发育

纽约某公园中的地球模型

地球最初形成时，是一个巨大的火球。随着温度的逐渐降低，较重的物质下沉到中心，形成地核；较轻的物质漂浮到地面，冷却后形成地壳。大约在45亿年前，地球的大小就已经和今天的差不多了。原始的地球上既无大气，又无海洋。在最初的数亿年间，由于原始地球的地壳较薄，加上小天体的不断撞击，造成地球内熔液不断上涌，地震与火山喷发随处可见。地球内部蕴藏着大量的气泡，在火山喷发过程中从内部升起形成云状的大气。这些云中充满了水蒸气，然后又通过降雨落回到地面。降雨填满了洼地，注满了沟谷，最后积水形成了原始的海洋。到了距今25亿—5亿年的元古代，地球上出现了大片相连的陆地。地球大致的形貌就固定下来了。

地球的结构

DIQIU DE JIEGOU

从太空看，地球外部被气体包围着。这是因为在地球引力的作用下，大量气体聚集在地球周围，形成了数千千米的大气层，这为生物提供了氧气。地球本身的结构由表面向内依次分为地壳、地幔、地核。

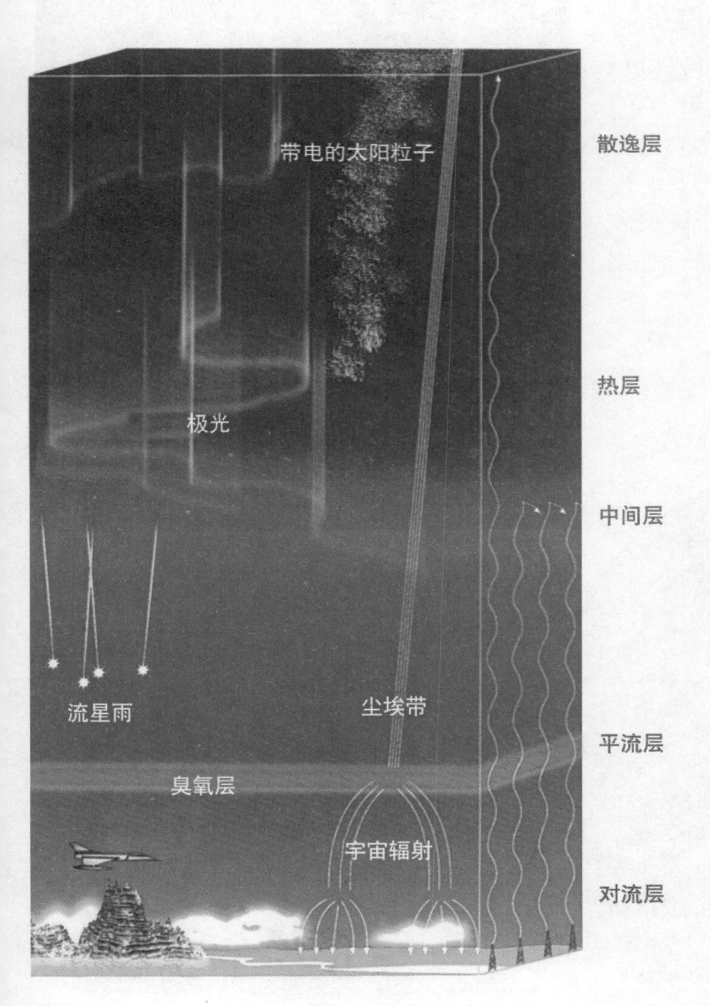

大气层结构

大气层

大气层又叫大气圈，地球被它层层包裹。大气层主要成分为氮气、氧气以及其他气体。

根据大气的温度、密度等方面的变化，可以把大气分成几层。最上面的一层叫作散逸层，大气非常稀薄。散逸层以下是热层。热层在距地面 85 千米—500 千米的空间范围。热层以下是中间层，在 50 千米—85 千米范围之内，特别寒冷。中间层以下是平流层，它在距地面十几千米到 50 千米范围以内，这层大气层内包含一个臭氧层。最下面的贴近地面的空气层叫对流层，它的厚度随纬度和季节有所变化，两极地区厚 8 千米，赤道上空厚 17 千米 ~ 18 千米。

地球的内部结构

地球内部构造恰似一个桃子，外表的地壳是岩石层，相当于桃子皮，人类以及生物都生活在这里；地幔相当于桃子的果肉部分，是灼热的可塑性固体；地核相当于桃核，由铁、镍等金属物质或岩石构成。

地壳是一种固态土层和岩石，也称为岩石圈层。地幔分为上地幔层和下地幔层。地幔约占地球总体积的83.3%，温度高达1000℃～2000℃。上地幔层呈半熔融岩浆状态，下地幔层呈固体状态。地核又分为外核和内核。外核呈液态，内核呈固态。地核温度为5000℃左右。

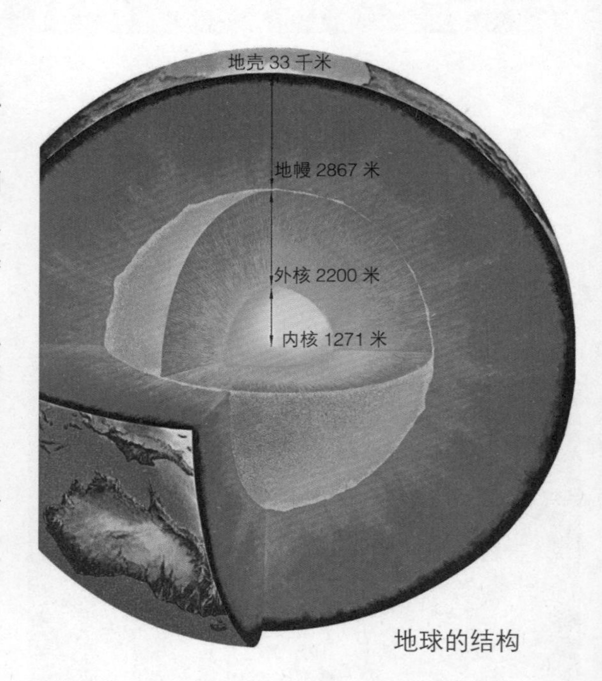

地球的结构

臭氧层

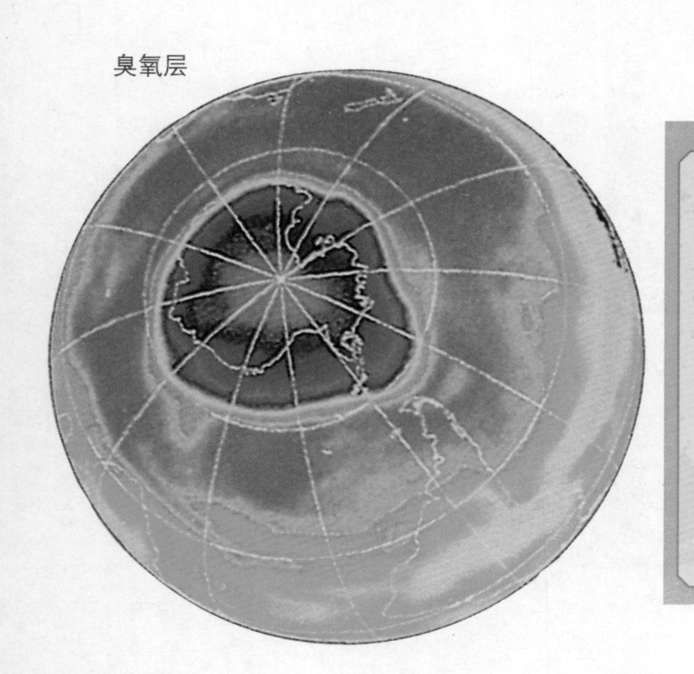

知识小链接

臭氧空洞

臭氧层是大气平流层中臭氧浓度最大处，是地球的一个保护层，太阳的紫外线辐射大部分被其吸收。然而，近些年来，由于在平流层内运行的飞行器日益增多，再加上人类活动产生的一些有害气体等进入平流层，使臭氧层遭到破坏，以至于在南极上空出现了“臭氧空洞”。

地球的自转与昼夜更替

DIQIU DE ZIZHUAN YU ZHOUYE GENGTI

太阳从东方的地平线冉冉升起，它越升越高，高挂在天空中，照亮了大地，继而又从西方地平线缓缓落下，大地逐渐黑暗起来。这是一种常见的现象，是由地球自转产生的。

自转的规律

地球自转是地球的一种重要运动形式，它指的是地球围绕地轴所做的自西向东的、不停地旋转运动。地球自转 1 周大约需要 24 个小时，即 1 天。从北极上空看，地球自转呈逆时针方向；从南极上空看，地球自转呈顺时针方向。一般而言，地球的自转是均匀的。

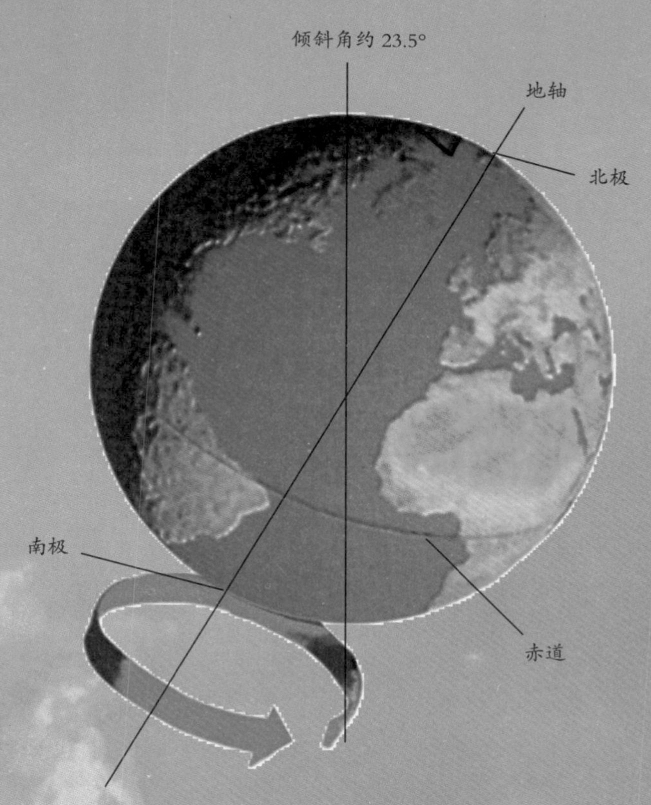

昼夜交替的形成

我们知道，地球是一个球体，它既不发光也不透明，因此当它不停地自西向东自转时，无论何时，都只有表面的一半可以被阳光照亮。被太阳照亮的半球处于白天，没被太阳照亮的半球处于黑夜。又因为地球的自转是一刻不停的，所以向阳面和背阳面循环交替，就产生了昼夜更替的现象。

极昼

极昼和极夜

地球上的北极和南极会出现太阳长时间不落的情况，也就是说一年内大致连续6个月都是白天，人们把这种现象叫作极昼；南、北两段有时候又会出现长时间没有太阳的情况，甚至连月亮都很少出现，人们把这种现象称为极夜。当南极出现极昼的时候，北极就同时出现极夜，反之也一样。

极夜

54

地球的公转与四季

DIQIU DE GONGZHUAN YU SIJI

所谓地球公转，就是地球围绕太阳的运动，因为地球相对太阳的公转运动使得太阳的直射位置不断变化，地面的受热量及天气也随之发生更替变换，因而产生了春夏秋冬四个季节。

地球公转路线

地球公转的路线叫作公转轨道。轨道是椭圆形，决定了地球绕太阳公转时，与太阳的距离会不断改变。每年1月初，地球离太阳最近，这个位置叫作近日点，此时日地距离约为14710万千米；每年7月初，地球距离太阳最远，这个位置叫作远日点，此时日地距离约为15210万千米。我们平时所说的日地距离是指平均距离，为14960万千米。

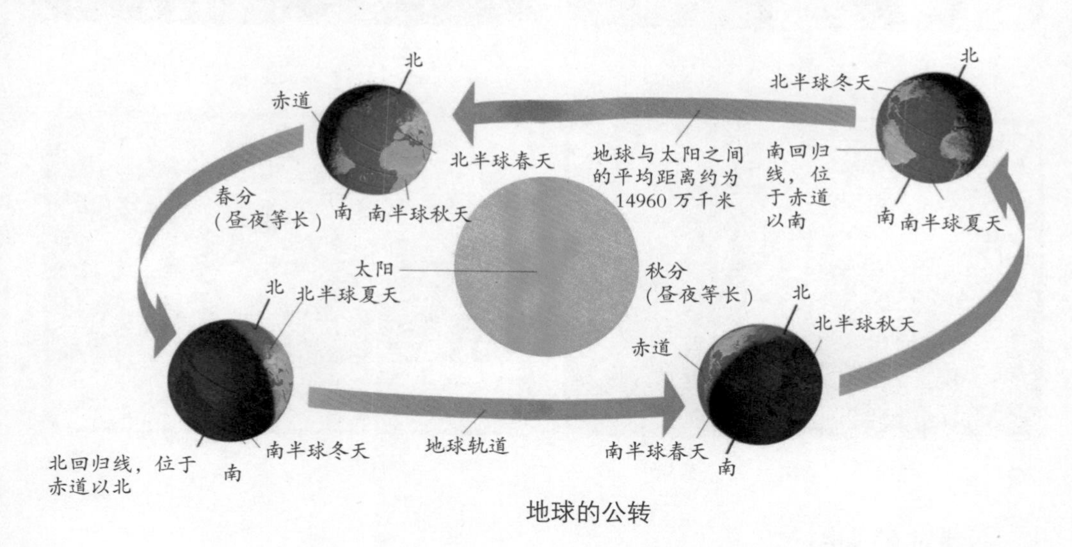

地球的公转

为什么一年是365天

地球绕日运动的轨道长度为94000万千米，公转1周所需时间为1年，天文上通常所说的年是365日5小时48分46秒，即一个回归年。

四季的形成

地球绕太阳公转的轨道是椭圆形的，而且与地球自转的平面有一个夹角。地球在一年中不同的时候，处在公转轨道的不同位置，地球上各个地方受到的太阳光照是不一样的，接收到的太阳热量也不同，因此就有了季节的变化和冷热的差异。

春

夏

秋

冬

季节的划分

在北半球的温带地区，一般3—5月为春季，6—8月为夏季，9—11月为秋季，12月至次年2月为冬季。在南半球，各个季节的时间刚好与北半球相反。南半球是夏季时，北半球正是冬季；南半球是冬季时，北半球是夏季。在各个季节之间并没有明显的界限，季节是逐渐转换的。

赤道和两极

CHIDAO HE LIANGJI

赤道是地球表面的点随地球自转产生的轨迹中周长最长的圆周线，而北极和南极是地球上的两个端点。

赤道

赤日炎炎、骄阳似火。在赤道地区，太阳终年直射，气温高，天气热。赤道是通过地球中心垂直于地轴的平面和地球表面相交的大圆圈，把地球拦腰缚住，平分为南北两个半球，是南北纬度的起点，也是地球上最长的纬线圈，全长约 40075 千米，一架时速为 800 千米的喷气式飞机，要用 50 小时左右才能飞完这段距离。

> 知识小链接
>
> **赤道上的雪山**
>
> 我们知道，海拔越高，气温越低；大约地势每升高 1000 米，温度要下降 6℃左右。
>
> 乞力马扎罗山位于坦桑尼亚东北部的大草原，海拔 5895 米，是非洲最高的山。它位于赤道附近，但山顶上终年积雪不化，因此也被称为赤道雪山。

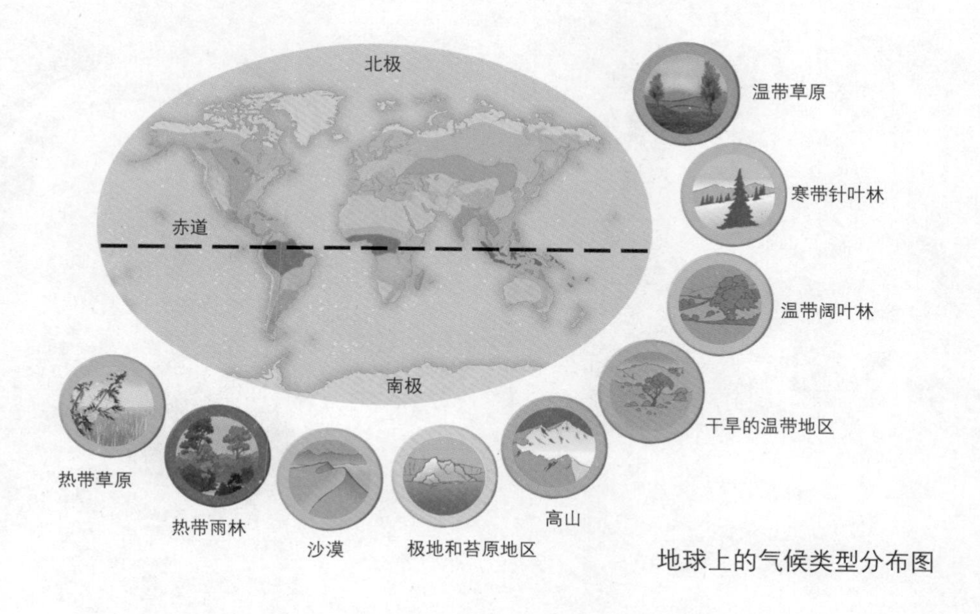

地球上的气候类型分布图

两极

两极是假想的地球自转轴与地球表面的两个交点，又是所有经线辐合汇集的地方。在北半球的叫北极，在南半球的叫南极。北极和南极到赤道间的经线距离都是相等的。其实地球的两个极点是运动着的，称为“极移”。极移的范围很小，虽然只有篮球场那么大，但它对地球经纬度的精度却有不小的影响。此外，科学家还发现，极移与大地震可能有联系，因为极移会引起地球内部大规模的物质迁移，从而诱发大地震。

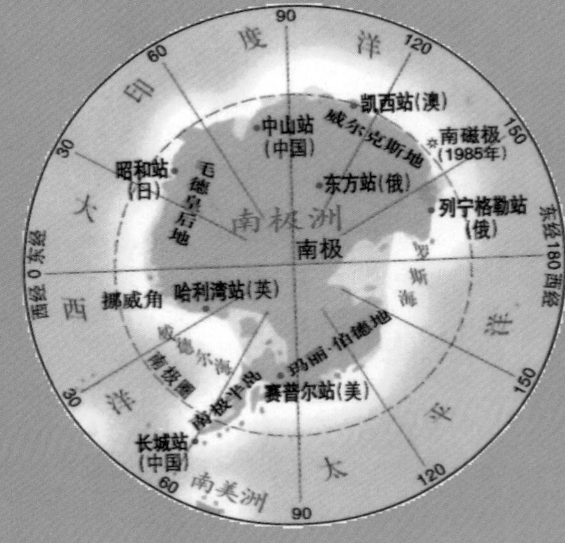

南极

北极熊

企鹅是南极的主人

海豹

寒冷的两极

两极经常出现“极昼”和“极夜”现象。虽然两极地区有半年时间为白昼，但真正能为两极地区增加热量的光线却少得可怜，因此两极地区终年冰天雪地，寒冷异常，草木很难生存，甚至像金属、橡胶之类的东西也会被冻得像玻璃那样易脆易碎。在南极地区，极点甚至有 -94.5℃的低温。不过很多动物却能在两极安居乐业。

北极狐

大陆漂移说

DALU PIAOYISHUO

今天的地球表面的大陆板块是从一开始就这样分成几大块的吗？如果不是，它们是怎么样变成如今这样的呢？

“大陆漂移说”的提出

20 世纪初的一天，德国地球物理学家魏格纳发现：南美洲的东海岸与非洲的西海岸的形状是彼此吻合的，好像是一块大陆分裂后，南美洲漂了出去。经过两年的潜心研究，魏格纳确信，地球的大陆原先是一个整块，之后开始分裂，向东西南北各个方向移动，后来才成为现在这个模样。于是，他正式提出了“大陆漂移说”。

3 亿年以前

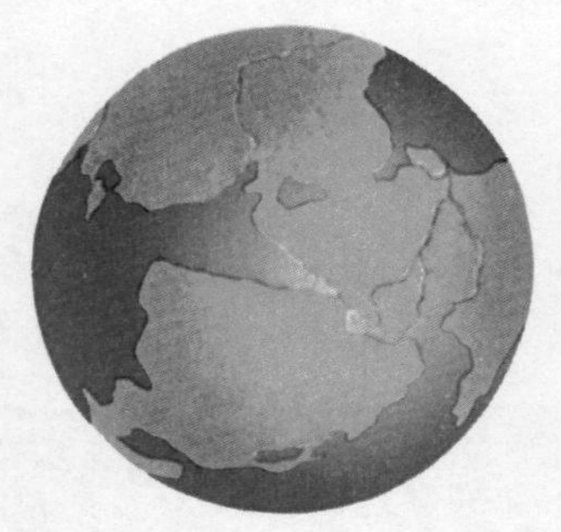

陆地靠拢，连成一片辽阔的大陆。

2 亿年以前

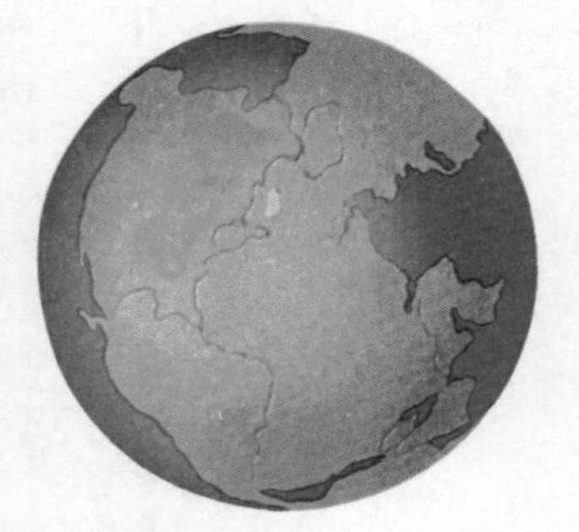

大陆与大陆连成超级大陆，叫作泛古陆。

1.5 亿年以前

大陆再次漂移分离，泛古陆分裂成两部分：劳亚古陆和冈瓦纳古陆。

现 在

当今世界的面貌。不过，大陆仍在移动中。

5000 万年以后

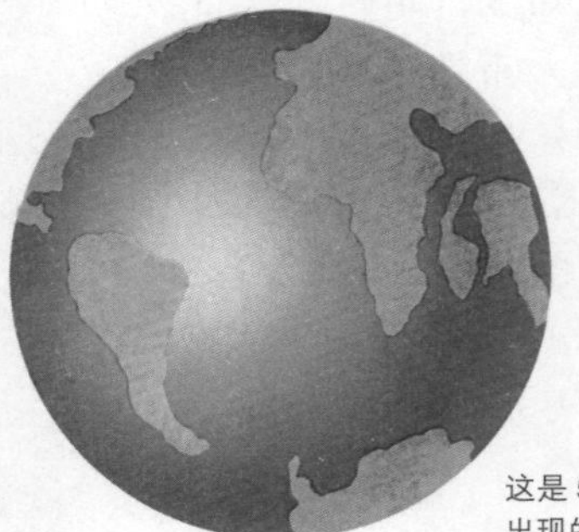

这是 5000 万年以后可能出现的世界面貌。

学说的发展

1968年，法国地质学家勒比雄在前人研究的基础上提出6大板块的主张，它们是——欧亚板块、非洲板块、美洲板块、印度板块、南极板块和太平洋板块。板块学说很好地解决了魏格纳生前一直没有解决的漂移动力问题，使地质学在一个新的高度上获得了全面的发展。随着板块运动被确立为地球地质运动的基本形式，地学也进入了一个新的发展阶段。大陆分久必合、合久必分，海洋时而扩张、时而封闭，已成为人们接受的地壳构造图景。到了20世纪80年代，人们确信，从大陆漂移说的提出到板块学说的确立，构成了一次名副其实的现代地学领域的伟大的革命。

知识小链接

魏格纳

魏格纳是德国气象学家、地球物理学家、天文学家、大陆漂移说的创始人。1880年11月1日生于柏林，1930年11月在格陵兰考察冰原时遇难。1912年提出“大陆漂移说”，1915年出版《海陆起源》一书，详细阐述了“大陆漂移说”。

海洋与四大洋

HAIYANG YU SIDAYANG

地球表面被陆地分隔且彼此相通的广大水域是海洋，其总面积约为3.6亿平方千米。根据人们的计算，地球表面71%是海洋，而陆地面积仅占29%。因为海洋面积远远大于陆地面积，所以有人将地球称为“水球”。

海洋的分布

从地球仪上看，世界的海陆分布很不均匀。从南北半球看，陆地主要分布在北半球，海洋主要分布在南半球。从东西半球看，陆地主要分布在东半球，海洋主要分布在西半球。值得注意的是，海和洋并不是一回事，我们通常把海洋的中心主体部分叫作洋，边缘附属部分称为海。

海洋的重要性

海洋是人类未来资源开发和空间利用的基地，对海洋的研究更有助于人类对地球的探索，所以海洋是人类可持续发展的关键。

太平洋

太平洋位于亚洲、大洋洲、南极洲和南北美洲之间，近似于椭圆形，两头窄、中间宽。其面积约为17968万平方千米，是世界上最大的海洋。其平均深度约为4028米，也是最深的大洋，还是全球岛屿最多的大洋。

大西洋

大西洋位于南、北美洲和欧洲、非洲、南极洲之间，面积约为9336.2万平方千米，轮廓略像“S”形，东西狭窄，南北延伸。

印度洋

印度洋位于亚洲、大洋洲、非洲和南极洲之间，面积约为7492万平方千米。

海底风景

北冰洋

北冰洋位于地球的最北面，大致以北极为中心，面积约为 1310 万平方千米，是四大洋中面积和体积最小、深度最浅的大洋。因为洋面上终年覆盖着冰，所以叫作“北冰洋”。

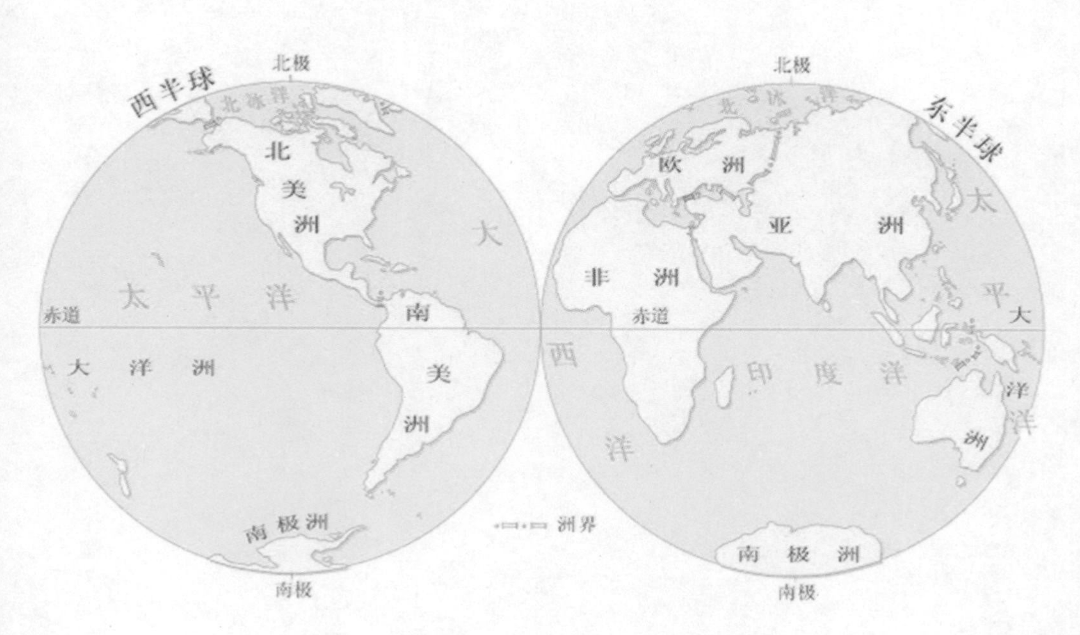

大洲

DAZHOU

人们将当今陆地划分为7个洲，分别为亚洲、非洲、欧洲、南美洲、北美洲、大洋洲、南极洲。

万里长城

亚洲

亚洲是亚细亚洲的简称，位于东半球的东北部，东临太平洋，南接印度洋，北濒北冰洋。西面通常以乌拉尔山脉、乌拉尔河、里海、大高加索山脉、土耳其海峡和黑海与欧洲分界，西南面以红海、苏伊士运河与非洲分界，东北面隔着白令海峡与北美洲相望，东南面以帝汶海、阿拉弗拉海及其他一些海域与大洋洲分界。总面积 4400 万平方千米，占世界陆地面积的 1/3，是世界第一大洲。

亚洲有 40 多个国家和地区，以黄种人为主，西亚和南亚有白种人分布，在阿拉伯半岛和马来群岛有少数黑色人种。

非洲

非洲位于东半球的西南部，东接印度洋，西临大西洋，北隔地中海和直布罗陀海峡同欧洲相望，东北隔苏伊士运河、红海与亚洲相邻。面积3020余万平方千米，是世界第二大洲，人种以黑种人居多。

非洲是一个高原大陆，全洲平均海拔750米。整个大陆的地形从东南向西北稍有倾斜。东部和南部地势较高，分布有埃塞俄比亚高原、东非高原和南非高原。

非洲地跨南北两个半球，赤道横贯中部，气候带呈南北对称分布。通常气温高、降水少、干旱地区广，有“热带大陆”之称。

非洲是黑种人的故乡

美丽的非洲

欧洲

欧洲位于东半球的西北部，与亚洲大陆相连，合称亚欧大陆。它北临北冰洋，西濒大西洋，南隔地中海与非洲相望，总面积仅1016万平方千米。在地理上习惯把欧洲分为南欧、西欧、中欧、北欧和东欧5个部分。南欧包括希腊、西班牙等国家，西欧包括英国、法国等国家，中欧包括奥地利、瑞士等国家，东欧包括俄罗斯、乌克兰等国家，北欧包括瑞典、丹麦等国家。

欧洲是世界资本主义的发源地，绝大多数国家的经济都比较发达。欧洲也是白种人的故乡，有7亿多人口，是世界上人口最稠密的地区之一，但人口自然增长率普遍低于其他各洲。

欧洲是白种人的故乡

美丽的欧洲

南美洲

南美洲位于西半球的南部，西临太平洋，东接大西洋，北临加勒比海，西北角通过中美地峡与北美洲接壤，南隔德雷克海峡与南极洲相望，总面积近1800万平方千米。整个南美洲是一块巨大的三角形陆地，北面宽，南面窄。

南美洲的人种组成较复杂，混血种人、印第安人、白种人和黑种人是主要的人种，分布在十几个国家和地区。

足球运动在南美洲非常盛行

北美洲

北美洲位于西半球的北部。西接太平洋，东临大西洋，西北面和东北面分别隔海与亚洲和欧洲相望，北面与北冰洋相邻，南面以巴拿马运河与南美洲相接。北美洲面积 2422.8 万平方千米，是世界第三大洲，共有 23 个国家和十几个地区。

北美洲有白种人、印第安人、黑种人、混血种人等人种。印第安人是当地的土著居民。

美国是北美洲最发达的国家，也是世界最发达的国家之一

大洋洲

大洋洲是面积最小的一个洲，主体部分是澳大利亚大陆，因此，人们过去把大洋洲称为澳洲。大洋洲包括澳大利亚大陆、新西兰南北两岛、新几内亚岛以及太平洋中的波利尼西亚、密克罗尼西亚和美拉尼西亚三大群岛等。全洲陆地面积约为 897 万平方千米，人口总计约 3000 万。大洋洲的土著居民是棕色人种，现在的白种人是欧洲移民的后裔。

大洋洲位于亚洲与南极洲之间，西临印度洋，东面隔太平洋与南、北美洲遥遥相望。大洋洲上的动植物具有其他许多大陆所没有的特点，有 3/4 的植物品种是其他大陆所没有的。

澳大利亚袋鼠

独特的有袋动物针鼹生活在大洋洲的澳大利亚

河流

HELIU

地上本来没有河，是雨水、地下水和高山冰雪融水经常沿着线形伸展的凹地向低处流动，才形成了河流。

河流是人类文明的摇篮

天然河流的形成

一条河流的形成必须有流动的水及储水的槽。山间易涨、易退的山溪，不能算河流。一条新河形成时，河水并不是向下流动，而是掉过头来，向源头伸展，河谷一天天向上游延伸。凡是天然形成的河流都是这样“成长”起来的。

“老人河”——密西西比河

河流的种类

世界上天然大河有很多，其中南美洲的亚马孙河是世界上流量最大、流域面积最广的河流。纵贯非洲东北部的尼罗河长 6671 千米，是世界上流程最长的河流。我国的长江是世界第三长河。除天然河流外，还有人工开掘的河流——运河。

亚马孙河

河流多发源于高山

长江正源——沱沱河

“东方伟大的航道”——苏伊士运河

山脉

▶▶ SHANMAI

地球上分布着众多山脉，各种各样，人们为了便于区分，就根据其形成原因将之分成三大类，即火山、褶皱山和断层山。

山的形成示意图

当地壳发生剧烈的挤压时，会形成褶皱，或者大规模地抬升与沉降，便形成了山。不同形状的岩层有不同的名称。地壳隆起形成褶皱山，地壳断裂形成断层山和裂谷。

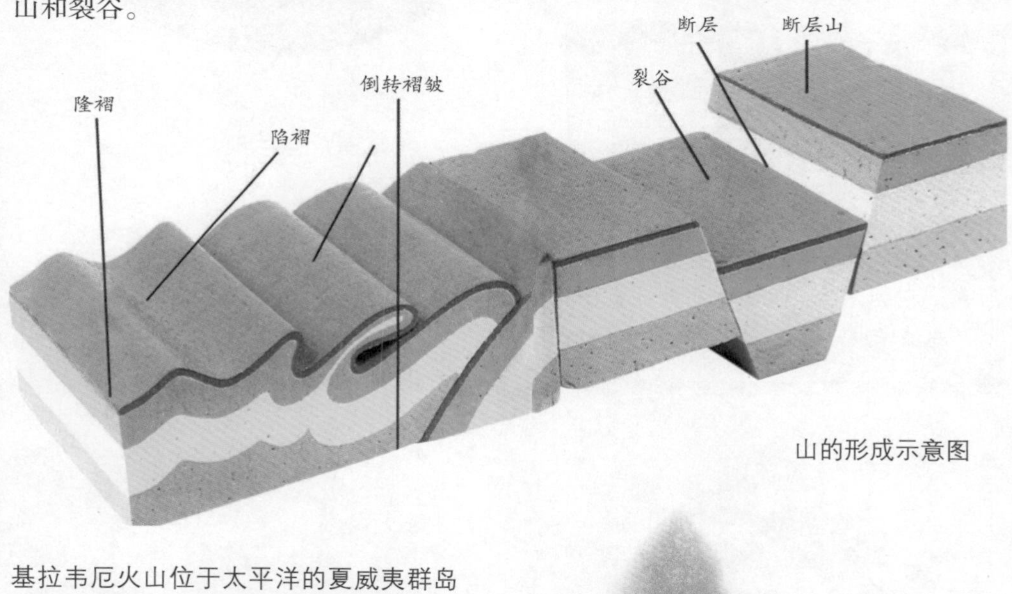

山的形成示意图

基拉韦厄火山位于太平洋的夏威夷群岛上，海拔 1247 米，这是一座终年不息的活火山，几乎天天都有熔岩喷出，形成世界上最大的岩浆湖。

火山

地壳之下 100 ~ 150 千米处，有一个“液态区”，区内存在着高温、高压下含气体挥发成分的熔融状硅酸盐物质，即岩浆。它一旦从地壳薄弱的地段冲出地表，就形成了火山。火山分为活火山、死火山和休眠火山。火山爆发能喷出多种物质。

富士山由火山运动形成

知识小链接

珠穆朗玛峰

珠穆朗玛峰位于我国同尼泊尔交界的边境线上，海拔 8844.43 米，是地球上最大的山脉——喜马拉雅山的主峰，也是世界最高峰。它周围多冰川，地形险峻，气候多变。

珠穆朗玛峰

褶皱山

褶皱山是地表岩层受垂直或水平方向的构造作用力而形成的岩层弯曲的褶皱构造山地。

张家界断层山

断层山

断层山又称“断块山”。岩层在断裂后，位置会相互错开，岩层的这种变化叫作断层。岩层断裂后抬升，形成山脉，叫断层山。一般断层山山坡较陡，如中国的华山。

落基山脉为褶皱山

瀑布

PUBU

瀑布是指河流或溪水经过河床纵断面的陡坡或悬崖处时，垂直或近乎垂直地倾泻而下的水流。

瀑布形成的原因

世界上的瀑布千姿百态、形形色色，形成的原因也是多种多样的：在同一条河流上，由于构成河床的岩石不同，河床高低相差很大，就会出现瀑布；地壳断裂引起升降，造成陡岩，河流流经这里，会形成瀑布；石灰岩地区的暗河从山崖间涌出，会形成瀑布；海浪拍击海岸，迫使河流后退而产生崖壁，会形成瀑布；另外，火山喷发在一定条件下也会使瀑布产生。总之，瀑布是地球内营力和外营力综合作用的结果。

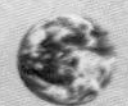

黄果树瀑布坐落在贵州省安顺市镇宁布依族、苗族自治县境内，高 77.8 米，其中主瀑高 67 米；瀑布宽为 101 米，其中主瀑顶宽 83.3 米，是中国第一大瀑布。

黄果树瀑布

尼亚加拉瀑布

尼亚加拉瀑布是世界第一大跨国瀑布，位于加拿大安大略省和美国纽约州的尼亚加拉河上，是北美东北部尼亚加拉河上的大瀑布，也是美洲大陆最著名的奇景之一。

“瀑布垂帘，水雾云腾”的壶口瀑布。

壶口瀑布是黄河中游流经秦晋峡谷时形成的一个天然瀑布，滚滚黄河水至此，300 余米宽的洪流骤然被两岸所束缚，上宽下窄，在 50 米的落差中翻腾倾涌，如同在巨大无比的壶中倾出，故名“壶口瀑布”

伊瓜苏瀑布

伊瓜苏瀑布是南美洲最大的瀑布，也是世界上最宽的瀑布。位于阿根廷与巴西边界上伊瓜苏河与巴拉那河合流点上游 23 千米处，为马蹄形瀑布，高 82 米，宽 4 千米。

湖泊

HUPO

湖泊指的是陆地表面洼地积水形成的比较宽广的水域，蓄积在其中的水体移动缓慢，或者几乎停滞不动。

湖泊的种类

湖泊按成因可分为火山湖、冰川湖、堰塞湖、构造湖等；按湖水盐度高低可分为咸水湖和淡水湖。

知识小链接

沥青湖

在加勒比海的特立尼达岛上，有一个漆黑闪亮的湖，这个湖中并没有水，而是蓄着很多沥青，因此叫沥青湖。湖中央有块很软的地方，沥青源源不断地从底下往上涌。

陨石冲击形成的湖——太湖

沥青湖

南美洲海拔最高的淡水湖——的的喀喀湖

的的喀喀湖位于南美洲秘鲁和玻利维亚的交界处，面积约为8330平方千米。平均深度为107米，最大深度有304米，是南美洲海拔最高的淡水湖。

中国最大的咸水湖——青海湖

青海湖面积为4340平方千米，比4个死海的面积还要大。青海湖中还有一个大名鼎鼎的鸟岛，离鸟岛不远处还有一个蛋岛。

贝加尔湖海豹

贝加尔湖位于俄罗斯东西伯利亚南部，湖的面积约为31500平方千米，贮水量占全世界地表淡水总量的1/5。贝加尔湖虽然是个淡水湖，湖里却生活着贝加尔海豹等。

火山口湖——克雷特湖

森林

SENLIN

森林是一种重要的自然资源，可以简单地理解为由乔木和灌木以及其他草本植物组成的绿色植物群体。

地球之肺

森林与人类的生活息息相关。地球上的氧气大多数是由植物通过光合作用转化而来的。茂密的树木在进行光合作用时，吸收二氧化碳，释放出大量的氧气。森林就像是地球上一个大型的“空气净化器”，使人类不断地获得新鲜空气。因此，森林享有“地球之肺”的美称。

热带雨林

热带雨林由繁茂的森林植被和丰富的物种组成，分布在亚洲东南部、非洲中部和西部以及南美洲的赤道附近，是地球上一种宝贵的生态系统。

热带雨林

亚热带常绿阔叶林

亚热带常绿阔叶林主要分布在亚热带大陆东岸湿润地区，林相整齐，树冠浑圆，多由常绿高大的植物组成。代表植物有樟科和山茶科等常绿阔叶树。

温带落叶阔叶林

温带落叶阔叶林主要分布在季相变化十分鲜明的温带地区。树木具有比较宽薄的叶片，秋冬落叶，春夏长叶，故这类森林又叫作夏绿林。部分温带落叶阔叶林地区也有针叶林分布。

自然林

人工林

落叶阔叶林

草原

CAOYUAN

草原是土地类型的一种，植物群落多由耐寒的旱生多年生草本植物组成，是具有多种功能的自然综合体。

动物的天堂

不同类型的草原气候条件和动植物种类有所不同，但多数草原生长的都是可用作饲料的草本和木本植物。茫茫的草原里，生活着众多食草动物和凶猛的野兽，如袋鼠、大象、鬣狗、狮子等。

长颈鹿是世界上现存最高的陆生动物，雄性高约 6 米，重可达 900 公斤，以树叶为食。长颈鹿多生活在非洲热带、亚热带广阔的草原上。

长颈鹿

獴

獴长身、长尾、四肢短；主要吃蛇，也猎食蛙、鱼、鸟、鼠、蟹、蜥蜴等动物；多利用树洞、岩隙做窝。

袋鼠

澳大利亚草原上最具代表性的动物就是袋鼠，它们主要吃各种杂草和灌木。它们长长的后腿强健而有力，以跳代跑，最高可跳约 4 米，最远可跳约 13 米。雌性袋鼠有育儿袋。

平原

PINGYUAN

陆地上海拔在0～500米之间，地面平坦或起伏较小，分布在大河两岸或濒临海洋的地区，被称为平原。全球的陆地面积约有1/4是平原。位于南美洲中部的亚马孙平原是世界上最大的平原。

平原上的小麦

堆积平原

地壳长期的大面积下沉，会使地面因不断地接受各种不同成因的堆积物的补偿而形成平原，这种平原叫堆积平原。堆积平原多产生于海面、河面、湖面等堆积基面附近。根据堆积平原的成因又可将其分为洪积平原、冲积平原、海积平原、湖积平原、冰川堆积平原和冰水堆积平原等。

欧洲平原

侵蚀平原

一些因风力、流水、冰川等外力的不断剥蚀、切割而成的地面起伏明显的平原被称为侵蚀平原，也叫石质平原。这种平原的地表土层较薄，上面有很多风化后的残积物，像沙砾、石块之类。

中国的平原

东北平原、华北平原、长江中下游平原是我国的三大平原，其中最大的是东北平原。除了三大平原外，我国还有一些零星分布的小平原，如四川盆地中的成都平原、珠江三角洲平原等，这些平原一般都是冲积平原。

冲积平原

高原

▶▶ GAOYUAN

一些面积较大、地形开阔、顶面起伏较小、外围又较陡的高地通常被称为高原。

高原的分布

高原的平均海拔多在500米以上，大多数的高原表面宽广平坦，地势起伏不大；一部分高原则有奇峰峻岭，地势变化较大。

东非高原

东非高原位于非洲东部，面积约为100万平方千米，平均海拔1200米左右，是非洲湖泊最集中的地区，素有“湖泊高原”之称。

东非高原上的犀牛

青藏高原

青藏高原位于中国西南部，是由一系列高大的山脉组成的，海拔 4000 米 ~ 5000 米，是目前世界上海拔最高的高原，有“世界屋脊”“地球第三极”之称。

青藏高原上的藏羚羊

非洲高原上的大象

黄土高原

黄土高原位于中国的中部偏北地区，地面的黄土厚度在 50 ~ 80 米之间，是世界上最大的黄土沉积区，其地表千沟万壑，水土流失比较严重。

黄土高原

盆地

PENDI

盆地是一种四周高、中部低的地形，看起来就像一个放在地上的大盆。地壳的运动和风、雨水等的侵蚀是盆地形成的主要原因。

构造盆地

地壳不断运动的时候，地下的岩层受到挤压，使有些下降的部分被隆起的部分包围着，形成了一种看起来像放在地上的盆子一样的地形，这叫作构造盆地。

侵蚀盆地

一些地面因为强风把地表的沙石吹走，形成了碟状的风蚀洼地；或者是雨水、河流的长久侵蚀使地面形成了各种大小不同的侵蚀河谷，这叫作侵蚀盆地。

刚果盆地

刚果盆地是世界上最大的盆地，又称扎伊尔盆地，位于非洲中西部，呈方形，赤道横贯其中部，面积约 337 万平方千米。

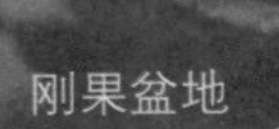
刚果盆地

吐鲁番盆地

吐鲁番盆地

我国吐鲁番盆地是世界上海拔最低的盆地，大部分地面在海拔 500 米以下，有些地方比海平面还低。

大自流盆地

大自流盆地

在澳大利亚大陆中部偏东的岩层上，覆盖着不透水层，东部多雨，形成受水区，地下水流以每年 11 米—16 米的速度流向西部少雨地区。承压水透过钻井或天然泉眼等涌出地表，自流盆地因此而得名。大自流盆地呈浅碟形，面积约为 177 万平方千米，是世界上最大的自流盆地。澳大利亚的畜牧业发展得益于这种得天独厚的地形。

沼泽

ZHAOZE

沼泽是指地表过湿或者有季节性积水，土壤水分几达饱和，生长有喜湿性和喜水性沼生植物的地段。

沼泽的形成原因

沼泽像一个大池塘，里面充满了软软的泥浆，常出现在森林、湖泊、草地、河流沿岸等低洼地方。

流入湖泊的河水带来了大量泥沙，使得湖泊越来越浅，慢慢地，水草也长出了水面，湖泊就渐渐变成了水草茂密的沼泽。在森林里，地面上堆有厚厚的落叶，下雨后地面非常潮湿，常年不会变干，渐渐也成了沼泽。另外，高山积雪融化等情况也有可能使一个地方变成沼泽。

知识小链接

潘塔纳尔沼泽地

潘塔纳尔沼泽地是目前世界上最大的湿地，它位于巴西马托格罗索州的南部地区，面积达25万平方千米。

美丽的沼泽

沼泽中的鹿

沼泽里的动物

热带、亚热带地区的沼泽里生活着“爬虫类之王”——鳄鱼。鳄鱼通常耳目灵敏、凶猛不驯，经常在水下活动，只将眼鼻露出水面。

沼泽是鸟类理想的栖息地，有一种红嘴白鹭就喜欢栖息在沼泽地带，它们主要以各种小型鱼类为食，有时也吃虾、蟹、蝌蚪等。

红嘴白鹭

沼泽里的植物

芦苇茎秆挺直，地下有发达的匍匐根状茎，是择水而生的植物，在沼泽地区常常形成大片的芦苇塘。

鳄鱼

芦苇

沙漠

SHAMO

沙漠是指地面完全被沙所覆盖、植物非常稀少、雨水稀少、空气干燥的荒芜地区。

世界上最大的沙漠——撒哈拉沙漠

沙漠的形成

沙漠大多分布在南北纬度15度~35度之间的信风带。这些地方气压高、天气稳定，风总是从陆地吹向海洋，海上的潮湿空气却进不到陆地上，因此雨量极少，非常干旱。地面上的岩石经风化后形成细小的沙粒，沙粒随风飘扬，堆积起来，就形成了沙丘。沙丘广布，就变成了浩瀚的沙漠。有些地方岩石风化的速度较慢，形成大片砾石。

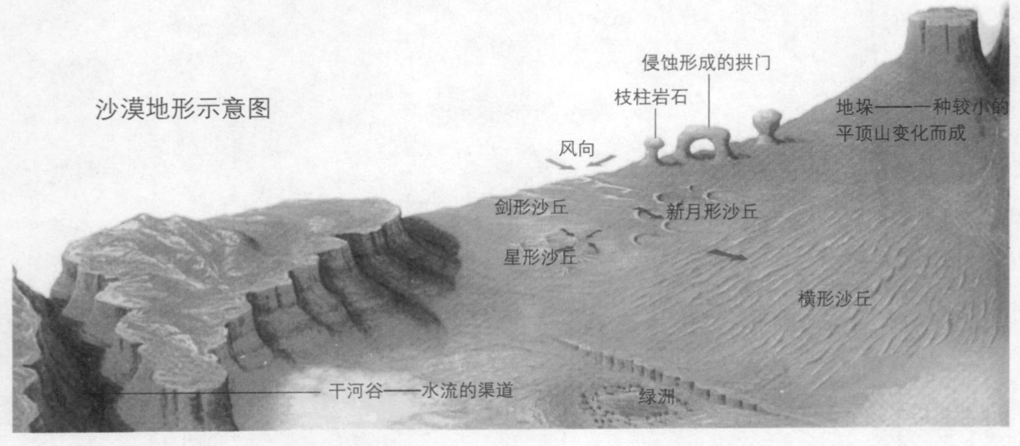

沙漠地形示意图

沙漠的特征

沙漠地区年温差可达30℃～50℃，日温差更大，夏天午间地面温度可达60℃以上，夜间的温度则降到10℃以下。沙漠地区强大的风卷起大量浮沙，形成凶猛的风沙流，不断吹蚀地面，使地貌发生急剧变化。

智利阿塔卡玛沙漠

沙尘暴

知识小链接

沙尘暴

沙尘暴是指强风把地面大量沙尘物质吹起并卷入空中，使空气特别浑浊，水平能见度小于1000米的严重风沙天气现象。

下现蜃景

在沙漠里，由于白天沙石被太阳晒得灼热，接近沙层的空气升高极快，形成下层热、上层冷的温度分布，造成下部空气密度远比上层空气密度小的状况。这时前方景物的光线会由密度大的空气向密度小的空气折射，从而形成下现蜃景。远远望去，宛如水中倒影。在沙漠中长途跋涉的人，燥热干渴，看到下现蜃景，常会误认为已经到达清凉湖畔。但是，一阵风沙卷过，仍是一望无际的沙漠，这种景象只是一场幻景。

溶洞

▶▶ RONGDONG

溶洞是因地下水沿可溶性岩的裂隙溶蚀扩张而形成的地下洞穴，规模大小不一，大的可容纳千人以上。溶洞中有许多奇特景观，如石笋、石柱、石钟乳、石幔等。

溶洞产生的原因

溶洞的形成，可以从一个简单的实验说起。用一根塑料管插入一杯澄清的石灰水里，通过管子吹气，不一会儿杯内的水就变得混浊。但当你继续吹气时，溶液又变得澄清了。原来，开始吹出的气是二氧化碳，它同石灰水里的氢氧化钙产生化学反应，生成不溶于水的碳酸钙，使澄清的石灰水变混浊。这时再吹气，吹出的二氧化碳又使碳酸钙在水中变成可溶的碳酸氢钙了。这个实验过程中的化学变化，正是石灰岩溶洞产生的原因。

芦笛岩盘龙宝塔

知识小链接

钟乳石和石笋

在溶洞中，溶解了碳酸钙的地下水沿着溶洞顶部的裂缝向下流的时候，有一部分碳酸钙在裂缝的出口处沉积了下来，时间久了就长成了冰柱一般的钟乳石。而另外一部分没有沉积的碳酸钙，随着滴落的水落到了地上，越积越高，从而变成石笋。

中国是个多溶洞的国家，尤其以广西境内的溶洞著称，如桂林的七星岩、芦笛岩等。北京西南郊周口店附近的上方山云水洞，深约612米，有7个“大厅”，被一条窄长的“走廊”串联，洞的尽头是一个硕大的石笋，美名曰“十八罗汉”，石笋背后即是深不可及的落水洞，也有一定规模。周口店的龙骨洞虽然不大，但却是我们老祖宗的栖身地。云南镇雄县的鸡鸣三省白车溶洞宛若扣碗，上悬溶锤，极为美丽。

云水洞

七星岩

岛屿

DAOYU

岛屿是指四面环水并在涨潮时高于水面的自然形成的陆地区域。海洋中的岛屿面积大小不一，小的可能不足1平方千米，称“屿”；大的可达几百万平方千米，称“岛”。

岛屿群的称呼

在狭小的地域范围内集中2个以上的岛屿，即形成“岛屿群”，大规模的岛屿群则被称作“群岛”或“诸岛”，列状排列的群岛即为“列岛”。如果一个国家的整个国土都坐落在一个或数个岛之上，则此国家可以被称为岛屿国家，简称“岛国”。

大陆岛

海水上升或者大陆下沉时，有一部分陆地被海水分开而成为岛屿，这种岛屿被称为大陆岛。

冲积岛

有些河流中含有大量的泥沙，这些泥沙经多年沉积，面积逐年扩大，最后慢慢形成了岛屿，这种岛屿叫作冲积岛。

火山岛

海底火山喷发后，一些火山喷发物会大面积堆积而形成岛屿，这种岛屿叫作火山岛。

珊瑚岛

珊瑚岛面积较小，多分布在海洋中水较浅的地方或面积较大的岛的周围，珊瑚岛多由珊瑚虫的尸体或者一些藻类植物分泌的石灰石堆积而成。

岩石

YANSHI

岩石是固态矿物或矿物的混合物，是由一种或多种矿物组成的，具有一定结构构造的集合体，也有少数包含有生物的遗骸或遗迹（即化石）。

岩石的形成

地壳处于缓慢的运动之中，正是这种运动改变着构成地球表面的岩石的形态。高山受挤压耸起，又经风化腐蚀，分解成沙砾、碎屑，这些物质堆积起来，形成其他种类的岩石。这些岩石可能会沉入地幔，在高温下熔化。火山喷发时，熔化的岩石以岩浆形式被喷到地面，熔岩冷却凝固后又变成岩石。岩石又会被风化、分解，开始下一个循环周期。

岩浆岩

岩浆岩也称火成岩，是来自地球内部的熔融物质，是在一定地质条件下冷却凝固而成的岩石。熔浆由火山通道喷溢出地表凝固形成的岩石，称喷出岩或火山岩。

花岗岩

大理石

石灰岩

红砂岩

黑曜岩

板岩

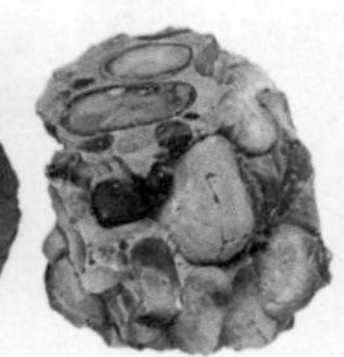
砾岩

沉积岩

沉积岩也称水成岩，是在地表常温、常压条件下，由风化物质、火山碎屑、有机物及少量宇宙物质经搬运、沉积和成岩作用形成的层状岩石。

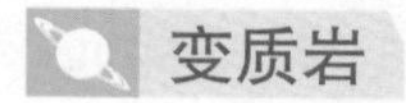

变质岩

变质岩是火成岩、沉积岩在高温和高压的作用下，构造和成分上发生变化而形成的岩石。

土壤

TURANG

土壤，是地球表面的一层疏松的物质，由各种颗粒状矿物质、有机物质、水分、空气、微生物等组成，其上能生长植物。

土壤的形成

土壤的“创造者”是生物。岩石在千百年来风吹、雨淋的作用下慢慢粉碎，变成碎石、沙粒和细土，即成土母质。一些最简单的微生物以及一些植物开始在这种土质中生长消亡，为成土母质提供肥力，并使其逐渐变成土壤。

黑土壤

黑色土壤通常被简称为“黑土”，它分布广泛，肥力最高，但1厘米厚的黑土大约需要200～400年才能形成。

黑土　　黄土　　红土

黄土壤

黄土壤多分布在气候干旱地区，多由黄色的黏土和粉砂、细粒组成，土质疏松，多孔，易被流水侵蚀。

红土壤

红土壤常见于高温、高湿地区，或者水土流失严重的丘陵地区。因为红壤的酸性强，土质黏重，所以肥力较差。

石油和天然气

SHIYOU HE TIANRANQI

天然气和石油一样，都是重要的燃料和化工原料，形成过程也类似，只是它们一个是气体，一个是液体。

形成的过程

古时候，地面上的树木繁盛，还有成群的动物，由于环境、地壳的变化，这些生物和泥沙一起沉积在湖泊和海洋中，形成了水底淤泥，而且越积越厚，最终使淤泥与空气隔绝，避免了与氧气发生作用而腐烂。地层内的温度很高，而且又有很大的压力，加上细菌的分解作用，最后使这些生物遗体变成了石油或天然气。

石油

石油的用途十分广泛，经过炼制可以分离出汽油、煤油和柴油等燃料油品和多种化工产品，被人们称为“黑色的金子”。

海上石油开采

石油的分馏

天然气

天然气的主要成分是甲烷。我们经常可以发现野外水沟里有淤泥的地方会冒气泡，那些气泡里的气体就是甲烷。

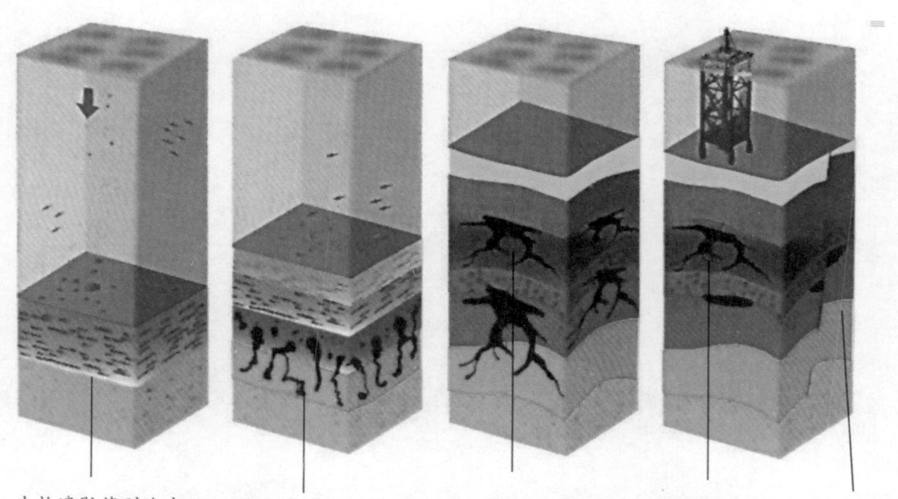

煤

MEI

煤是古代植物埋藏在地下经历了复杂的生物化学和物理化学变化，逐渐形成的固体可燃性矿物。

煤的历史

煤是我们生活中重要的能源，它的形成经历了漫长的过程。煤形成前，由于气候条件适宜，地面上到处生长着茂密的植物，到处是成片的森林，海滨和内陆湖里生长着大量的低等植物。后来，由于地壳的剧烈运动，这些植物一批批地被埋在低凹地区、湖里或者海洋的边缘地带。

被泥沙掩埋的植物长期受压力、地下热力和细菌的作用，所含的氧、氮以及其他挥发性物质等都慢慢地“跑”掉了，所剩下的大多是“碳”。最先形成的物质是泥炭，随着时间的推移，受各种作用的影响，碳的比例继续增高，就逐渐变成褐煤、烟煤和无烟煤。

黑色的烟煤可燃烧发电

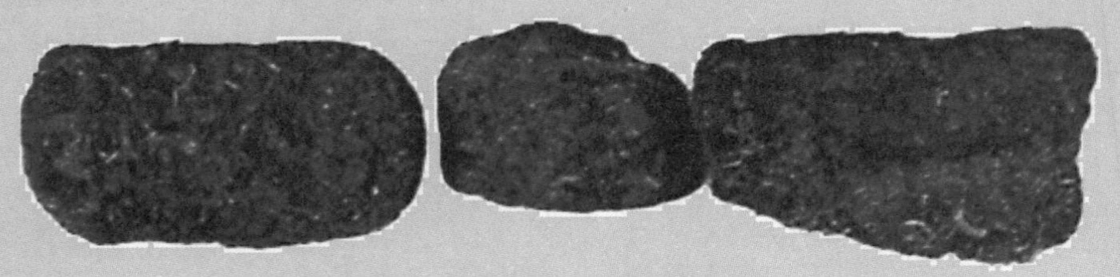

泥煤可制成燃料砖

无烟煤提供的热量多，烟尘少

大约3亿年前，是一个叫作石炭纪的时期，气候温暖而湿润，森林、沼泽遍布，死亡的植物腐烂，形成泥炭。海平面上升后，泥炭被埋藏到沙土层下，这些沙土层慢慢变成岩石，它们的重量挤压泥炭，使泥炭逐步变成煤。

煤的形成示意图

地震

DIZHEN

地震是地壳快速释放能量期间产生地震波的一种自然现象。

陷落地震

当上层地壳压力过重时，地下的巨大石灰岩洞就会突然塌陷，发生地震，这叫陷落地震。它发生的次数少，影响范围不大。

美国洛杉矶地震

火山地震

火山爆发时，熔岩冲击地壳发生爆炸，使大地震动，这叫火山地震。火山地震影响范围不大，次数也不多。

构造地震

世界上次数最多、影响范围较广的是构造地震。它是地球的内力作用等引起的地层断裂和错动，使地壳发生升降变化。巨大的能量一经释放，被激发出来的地震波就四散传播开去，到达地面时，引起强烈的震动。

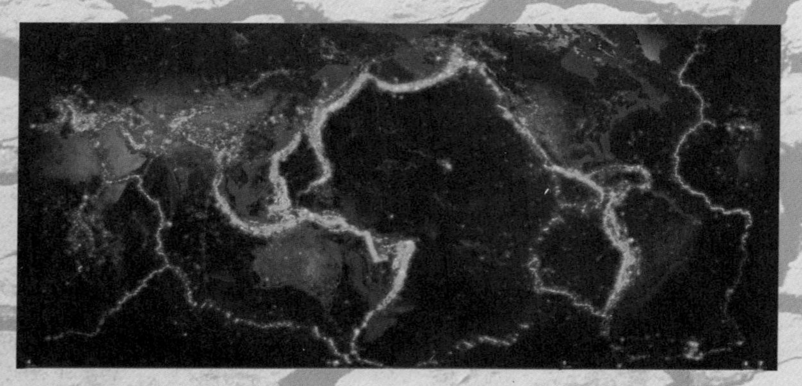

世界地震带分布图

地震的地理分布

地震的地理分布受一定的地质条件限制，具有一定的规律。地震大多发生在地壳不稳定的部位。特别是板块之间的消亡地带，容易形成地震活跃的地震带。全世界主要有三个地震带：环太平洋地震带、欧亚地震带、大洋中脊地震带。中国的地震带主要分布在台湾地区、西南地区、西北地区、华北地区、东南沿海地区等。

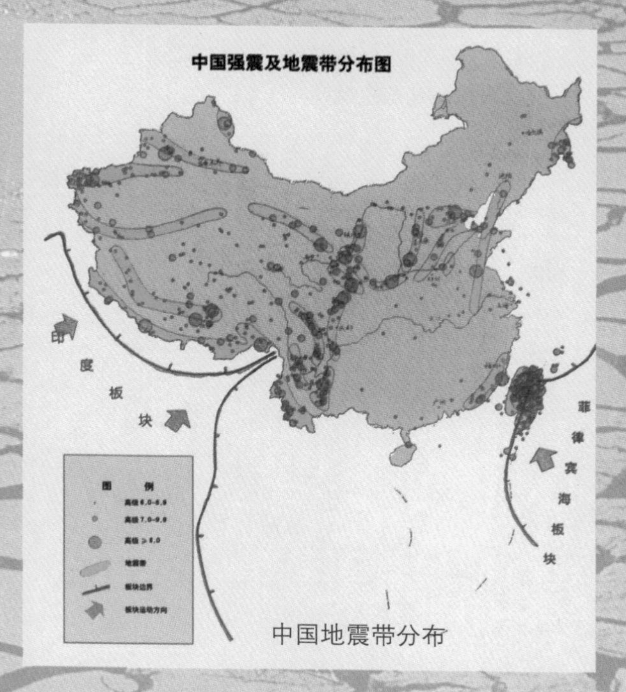

中国地震带分布

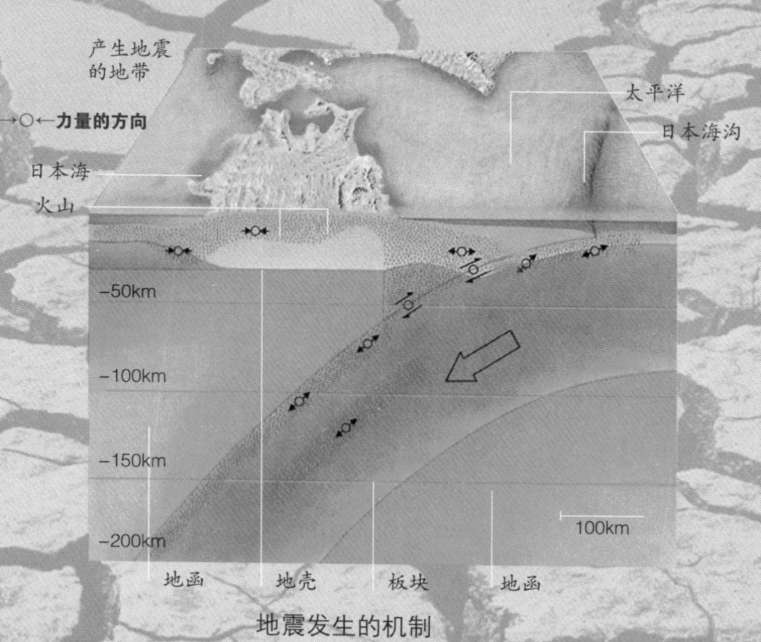

地震发生的机制

日本东北部的剖面图，海侧的板块在日本海沟的部位，潜入大陆侧的板块下方，该交界处经常发生地震。

火山

HUOSHAN

在地壳之下 100 千米 ~ 150 千米处，有一个“液态区”，区内存在着高温、高压下含气体挥发成分的熔融状硅酸盐物质，即岩浆，它们一旦从地壳薄弱的地段冲出地表，就形成了火山。

火山的种类

火山可分为活火山、死火山和休眠火山三类。现在还活动的火山是活火山。死火山是指史前有过活动，但历史上无喷发记载的火山。我国境内的 600 多座火山，大都是死火山。休眠火山是指在历史上有过活动的记载，但后来一直没有活动的火山。休眠火山可能会突然“醒来”，成为活火山。

法国奥弗涅火山锥

火山的分布

板块构造理论被建立以来，很多学者根据板块理论建立了全球火山模式，认为大多数火山都分布在板块边界上，少数火山分布在板块内。前者构成了四大火山带，即环太平洋火山带、大洋中脊火山带、东非裂谷火山带和阿尔卑斯—喜马拉雅火山带。

火山喷发的两面性

猛烈的火山喷发会吞噬、摧毁大片土地，把大批生命、财产烧为灰烬。可令人惊讶的是，火山所在地往往是人烟稠密的地区，日本的富士火山和意大利的维苏威火山周围就是这样。原来，火山喷发出来的火山灰是很好的天然肥料，所以富士山地区的桑树长得特别好，这有利于发展养蚕业；维苏威火山地区则盛产葡萄。此外，火山地区景象奇特，往往成为旅游胜地。

火山植物

火山研究

在人类能够控制火山活动之前，加强预报是防止火山灾害的唯一办法。科学家对火山喷发问题的研究，常常得益于动植物的某种突然变化。虽没有准确的方法可以预测火山的喷发，但是预测火山的喷发如同预测地震一样可以拯救许多生命。

美国圣海伦斯火山喷发

滑坡和泥石流

HUAPO HE NISHILIU

滑坡、泥石流都是山区常见的自然地质现象，都会对人民的生命财产、生产活动以及自然环境造成很大的危害，尤其是泥石流，危害更大。

滑坡

滑坡是指山坡受到河流冲刷、降雨、地震、人类工程开挖等因素的影响，上面的土层或岩层整体地或者分散地顺斜坡向下滑动的现象。

滑坡

泥石流

在一些山区沟谷中，暴雨、冰雪融水等会使滑坡出现时伴随着大量的泥沙和石块，混浊的流体沿着陡峻的沟谷奔腾咆哮而下，在很短时间内漫流堆积，这种现象就是泥石流。

泥石流

二者的危害

滑坡会掩埋农田、建筑物和道路；泥石流能在很短的时间内，用数十万乃至数百万立方米的物质，堵塞江河，摧毁城镇和村庄，破坏森林、农田、道路，对人民的生命财产、生产活动以及自然环境造成很大的危害。

泥石流

知识小链接

滑坡和泥石流的区别

滑坡和泥石流都是山体向下滑落的运动，但二者又有所不同。滑坡可以是土和水的混合体运动，也可以是单独的土体运动，不一定需要水的参与；但泥石流是土、石块和水混合的运动过程，必须有水的参与。

怎么应对泥石流

泥石流不同于滑坡、山崩和地震，它是流动的，冲击和搬运能力很大。所以，当泥石流发生时，不能沿沟向下或向上跑，而应向两侧山坡上跑，离开沟道、河谷地带，但注意不要在土质松软、土体不稳定的斜坡停留，以免斜坡失稳下滑，应在基底稳固又较为平缓的地方停留。

泥石流

海啸

▶▶ HAIXIAO

海啸是一种灾难性的海浪，通常由震源在海底下50千米以内、里氏震级6.5以上的海底地震引起。

海啸

海啸

海啸的分类

海啸按成因可分为三类：地震海啸、火山海啸、滑坡海啸。地震海啸是海底发生地震时，海底地形急剧升降变动而引起的海水强烈扰动。

海啸的危害

海啸发生时，震荡波在海面上以不断扩大的圆圈，传播到很远的地方。它以每小时600千米～1000千米的高速，在毫无阻拦的洋面上驰骋1万千米～2万千米的路程，掀起10米～40米高的拍岸巨浪，吞没所能波及的一切，有时最先到达海岸的海啸可能是波谷，水位就会下落，暴露出浅滩海底；几分钟后波峰到来，一退一进间，造成毁灭性的破坏。

海啸

海啸的分布

全球的海啸发生区大致与海洋地震带一致。全球有记载的破坏性海啸大约有260次，平均六七年发生一次。

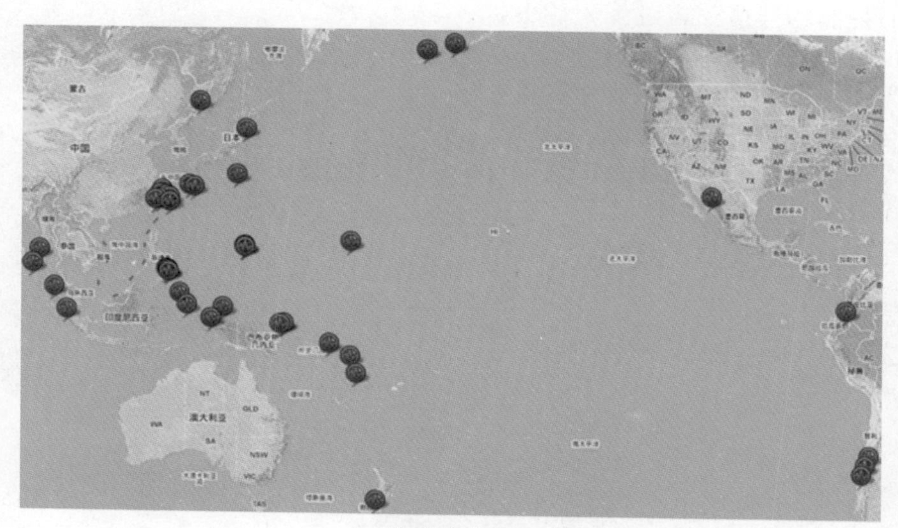

海啸分布图

山崩和雪崩

SHANBENG HE XUEBENG

山崩是一种由地震、水蚀及岩石的风化、暴雨的侵袭等诱发的自然灾害。而当山坡积雪内部的内聚力抗拒不了积雪所受到的重力拉引时，积雪便向下滑动，引起大量雪体崩塌，人们把这种自然现象称作雪崩。

山崩的危害和治理

山崩经常发生在地形陡峭的山区。山崩时，山上的岩石向低处坍塌，石块伴着隆隆的巨响和滚滚的烟尘向山下滚来。一般山崩都可造成灾害，严重时可毁坏整个村庄，还会砸死人畜、毁坏工厂、堵塞公路等。山崩时的石块、泥土等阻塞河床，还会引发洪水。

除了自然原因外，人为地在山坡下面挖洞、开凿隧道或开采矿山等，也会诱发山崩。因此，为了我们的生命财产安全，我们要注意维持生态平衡，积极植树造林，对山崩多发地区的陡坡采取防护措施，将山崩造成的损失降到最低。

山崩

陡峭的山容易发生山崩，但是绿化好的话，可以避免

山坡积雪太厚的时候，如果阳光使山坡最上层的积雪融化了，那么雪水就会渗入积雪和山坡之间，使积雪慢慢脱离地面，这时候只要有一点点震动就会使高山上的积雪迅速向下滑动，引起雪崩。所以，在宁静的雪山上，一定不要高声说话哟！

雪崩时，山顶上的积雪带着巨大的冲力涌下来，会将一切掩埋，给人们的生命财产带来巨大损失。科学家们经过多年的研究考察，总结了一些有效措施以减少雪崩发生的概率。比如，建筑水平台阶和导雪堤等。登山者应该尽量避免经过雪崩高发地段。

雪崩

雪崩

环境污染

HUANJING WURAN

环境污染可以理解为由于人类对地球资源的过度使用或对生态系统的破坏而造成环境质量降低，并对人类的生存发展造成不利影响的现象，主要包括大气污染、水污染、固体废弃物污染等。

环境污染的成因

污染物质的浓度和毒性会自然降低，这种现象叫作环境自净。但如果排放的物质超过了环境的自净能力，环境质量就会发生不良变化，危害人类健康和生存，这就发生了环境污染。

被污染的地球

大气污染

大气污染通常是指由人类的生产和生活活动所造成的空气污染。大气污染不仅严重破坏生态平衡，还会诱发各种疾病，对人体产生极大的危害。

大气污染

大气污染

水污染

人类活动会造成一定程度的水污染，水污染会导致水生动植物大量死亡，甚至引发一系列疾病。

海水污染

固体废弃物污染

工农业生产和人们的日常生活会产生大量的固体废弃物。这些废弃物中的有害成分能通过空气、水、土壤、食物链等途径污染环境，危害人体健康。

固体废弃物污染

环境保护

HUANJING BAOHU

环境保护是指人类为解决现实或潜在的环境问题，协调人类与环境的关系，保障经济社会的持续发展而采取的各种行动的总称。

我们该如何做

近年来，环境问题日益严重，这不仅影响了生态平衡，而且严重危害到了人类的生存发展。所以，保护环境是当今时代每个公民的责任。保护环境的方法有很多，少年儿童应该从身边的小事做起，做到“三少一多”。

少浪费：节省练习本、铅笔等文具用品，尽量不使用一次性餐具，养成随手关灯、关水龙头的好习惯。

少破坏：爱护城市绿化，不攀折、践踏花草树木，不向河、湖、海中丢弃垃圾，不捕食野生动物。

少污染：不随地吐痰，少用一次性塑料制品，减少对地球的“白色污染”，将生活垃圾分类后扔到指定地点。

多宣传：积极主动地向身边的亲人、同学、邻居等宣传环保思想，带动周围的人一起加入环保行列。

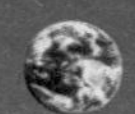

防护林

知识小链接

世界地球日

世界地球日（World Earth Day）在每年的4月22日。2009年第63届联合国大会决议将每年的4月22日定为“世界地球日”。世界地球日活动是一项世界性的环境保护活动。

该活动最初在1970年由美国的盖洛德·尼尔森和丹尼斯·海斯发起，随后影响越来越大。活动旨在唤起人类爱护地球、保护家园的意识，促进资源开发与环境保护的协调发展，进而改善地球的整体环境。

保护地球

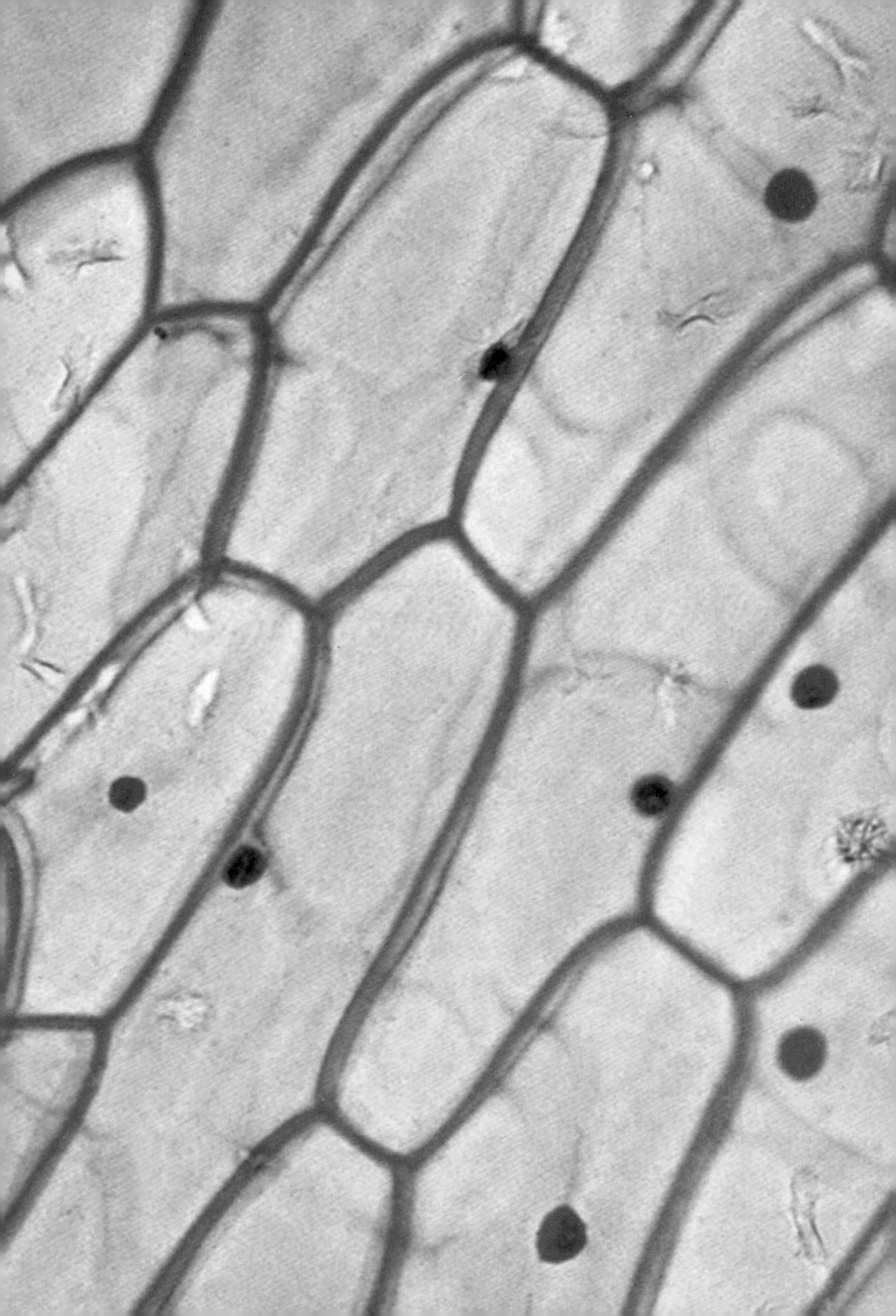

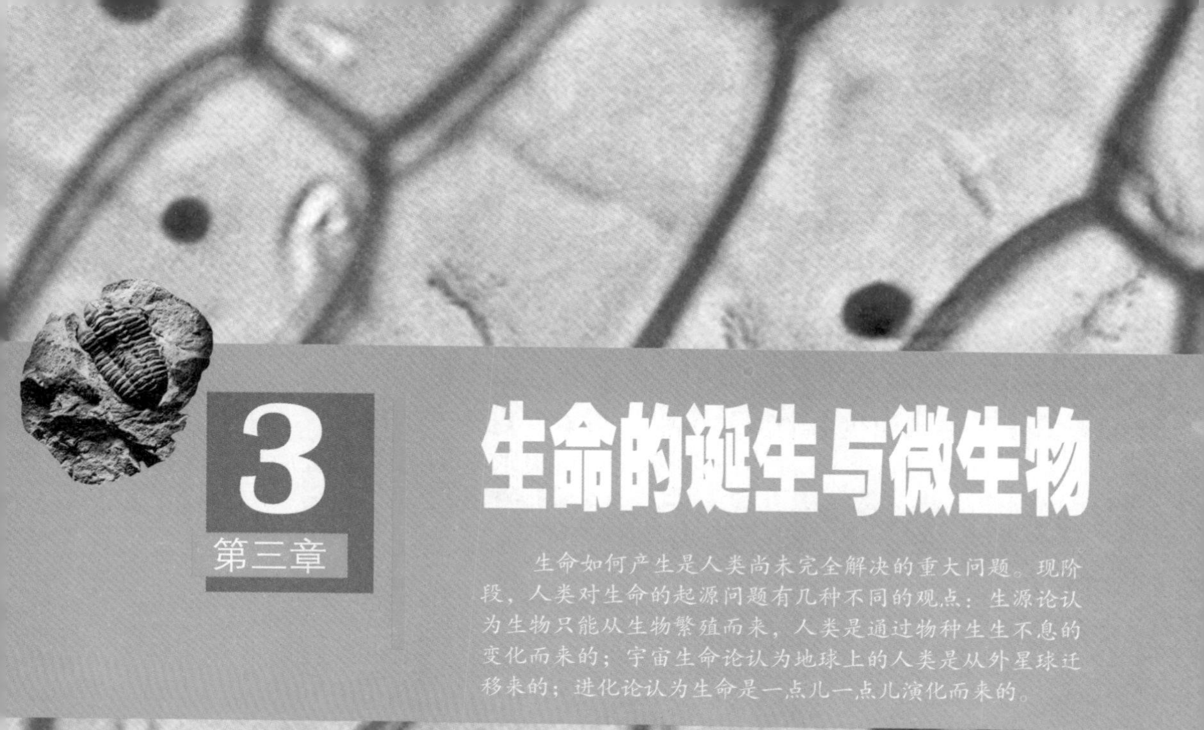

3 第三章 生命的诞生与微生物

生命如何产生是人类尚未完全解决的重大问题。现阶段，人类对生命的起源问题有几种不同的观点：生源论认为生物只能从生物繁殖而来，人类是通过物种生生不息的变化而来的；宇宙生命论认为地球上的人类是从外星球迁移来的；进化论认为生命是一点儿一点儿演化而来的。

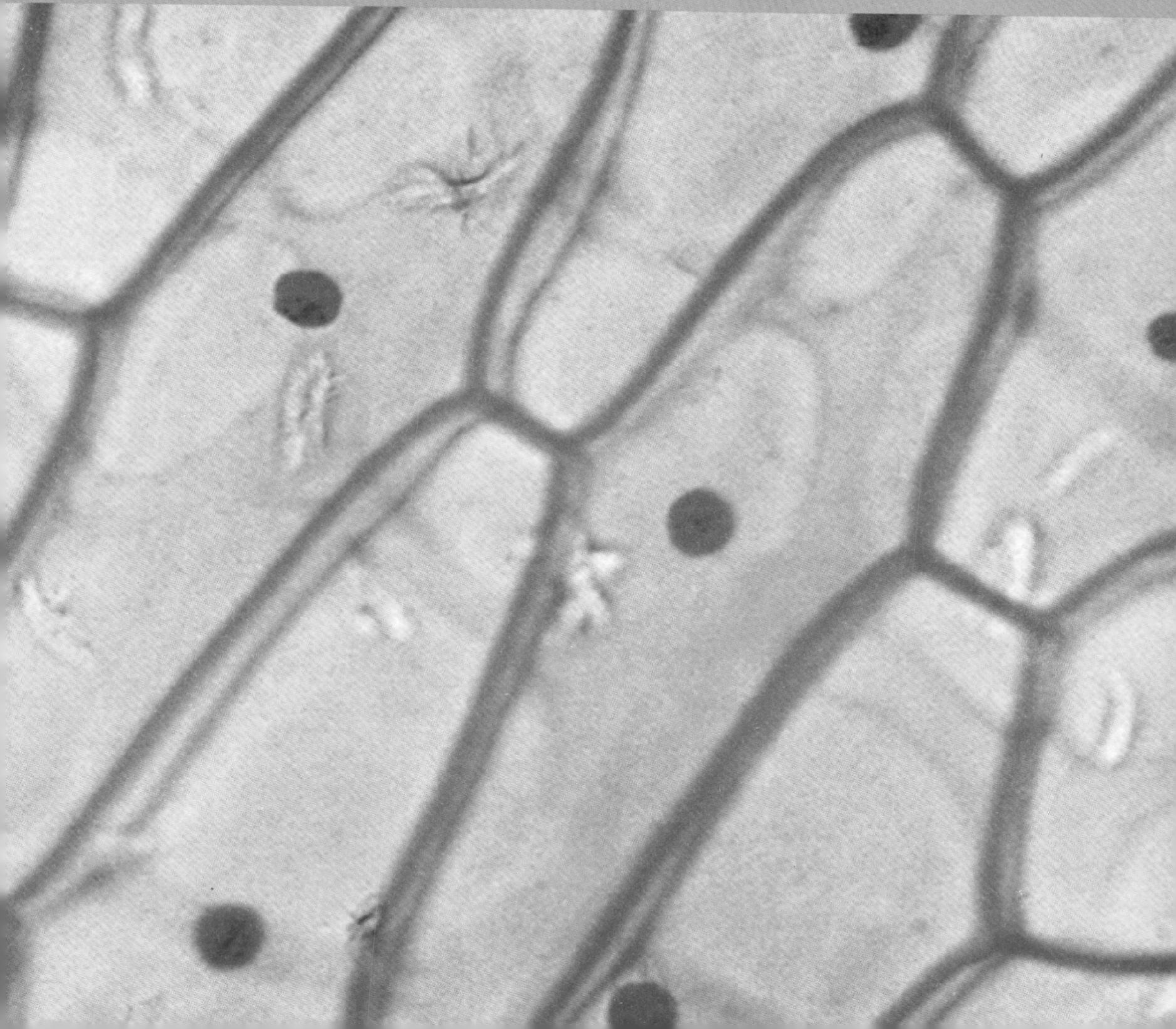

化石

HUASHI

科学地认识生命的演化历程，离不开对化石的研究。化石是存留在岩石中的古生物遗体或遗迹，最常见的是骸骨和贝壳等，大到恐龙，小到微生物，都可以在化石中找到它们的痕迹。

死亡的海洋生物可在海底自然分解①，或者埋入软质沉积物中②。沉积物压实时，矿物可溶解残骸，留下铸型③。然后其他矿物填入铸型④，形成铸型化石。还有些残骸在压实的沉积物中保留不变⑤，它们在沉积岩变质后被破坏⑥。

主要化石类群

在石灰石和页岩等沉积岩中发现的化石，大多是有壳的小型海洋生物。而哺乳动物和软躯体动物的化石较稀少。

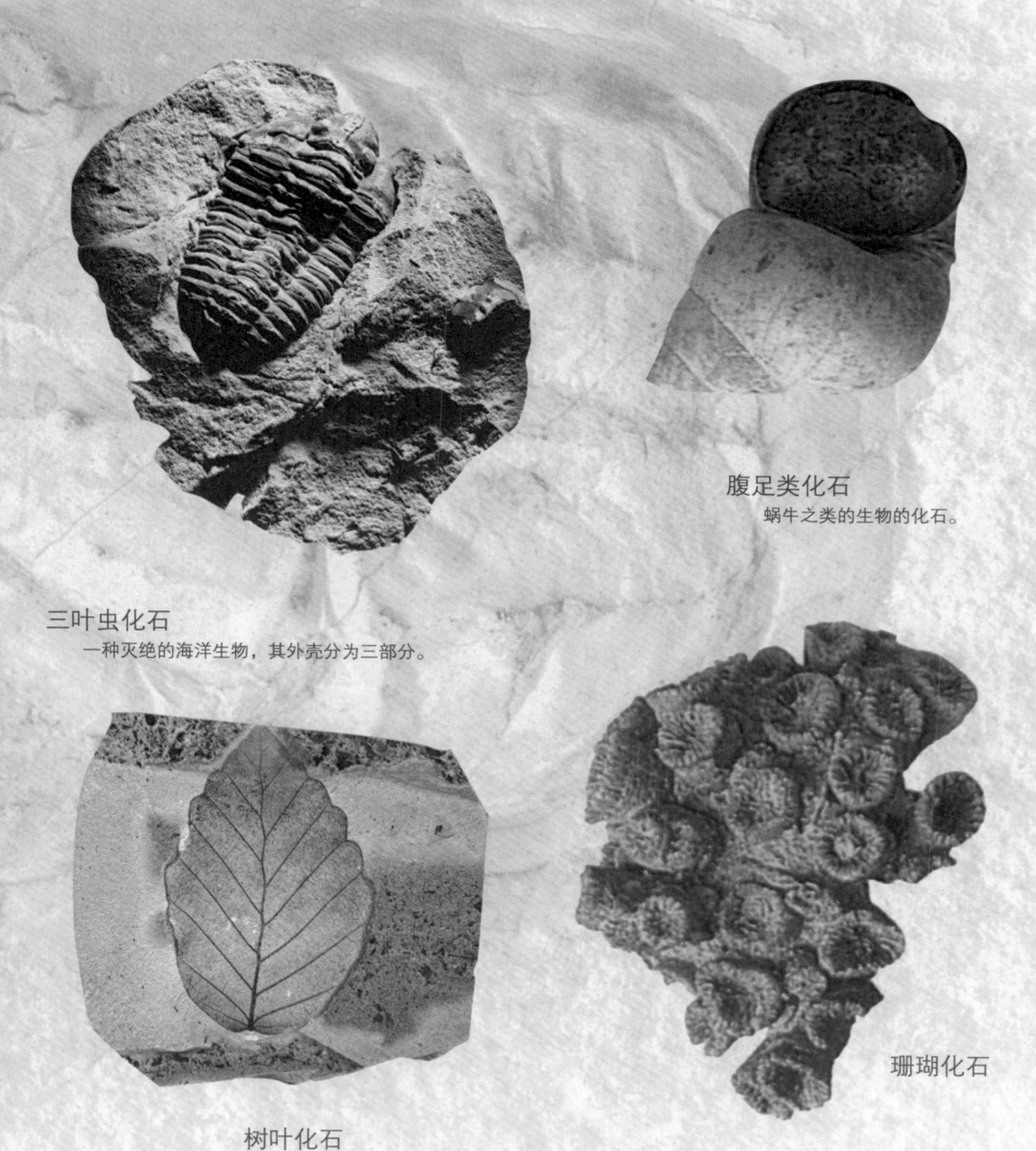

三叶虫化石
一种灭绝的海洋生物，其外壳分为三部分。

腹足类化石
蜗牛之类的生物的化石。

树叶化石

珊瑚化石

脊椎动物化石

具有脊柱的动物，包括鱼类、哺乳动物、鸟类和爬行动物等的化石。
（上图为双棱鲱化石）

头足类化石

一种自由游动的枪乌贼状贝类，包括现已灭绝的菊石和箭石。
（上图为菊石）

海胆化石

双壳类化石

具有两个铰合壳瓣的贝类，例如扇贝、岛尾蛤和蚌的化石。
（上图为蛤蜊化石）

贝壳化石

细胞

XIBAO

细胞是一切生物体结构和功能的基本单位。它是除了病毒之外所有具有完整生命的生物的最小单位，被称为生命的积木。

细胞的结构

细胞的个头儿极微小，需要在显微镜下才能看得到。一般的细胞都是由质膜、细胞质和细胞核（或拟核）构成，能够进行独立繁殖。毫不夸张地说，没有细胞就没有完整的生命。

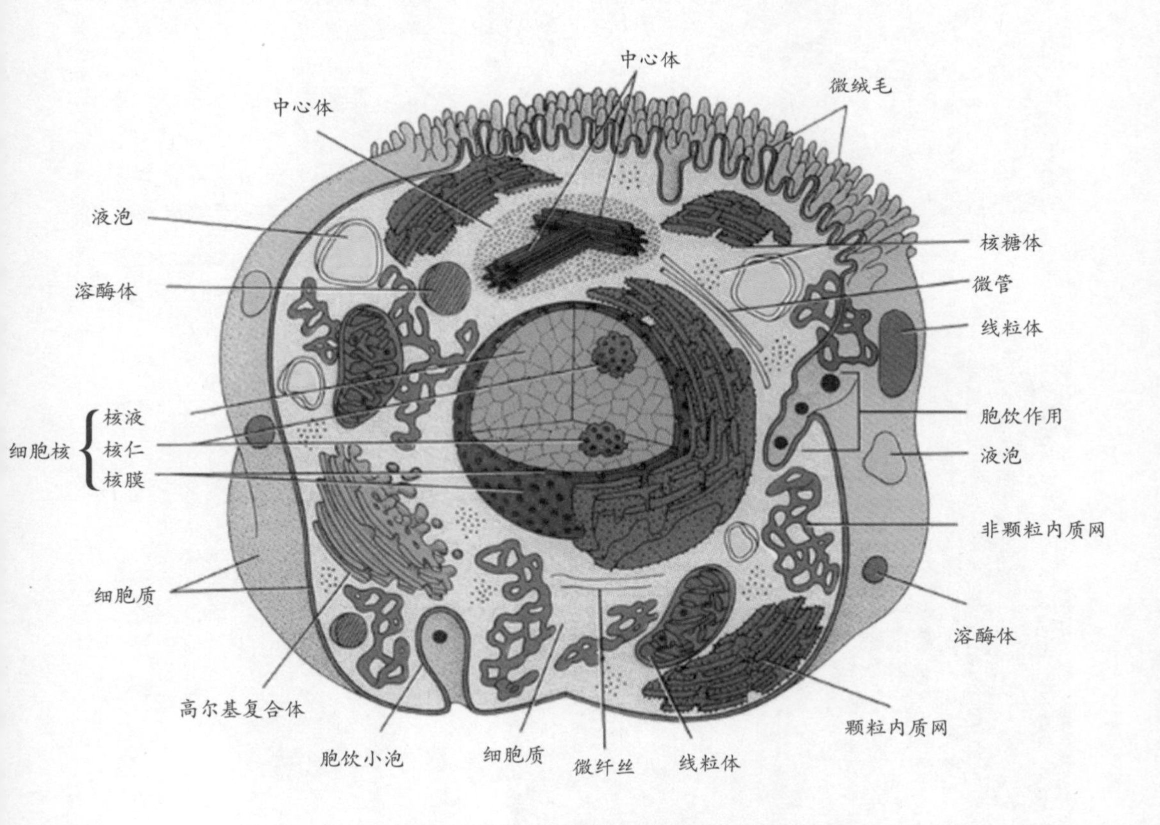

细胞结构图

细胞的功能

细胞是生命活动的基本单位，一切生命体的代谢活动都是以细胞为基础进行的。各种细胞分工合作，才能共同完成复杂的生命活动；细胞还是生殖和遗传的基础与桥梁。

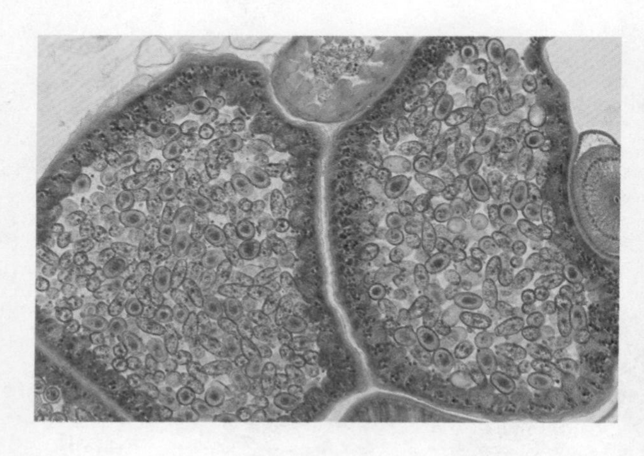

分裂中的细胞

知识小链接

名字的来源

细胞由英国科学家罗伯特·胡克于1665年发现。当时他透过显微镜观察软木塞时看到一格一格的小空间，很像一个一个的小房间，于是将之命名为细胞（cell）。细胞（cell）一词来源于拉丁语 cella，意为“狭窄的房间”。

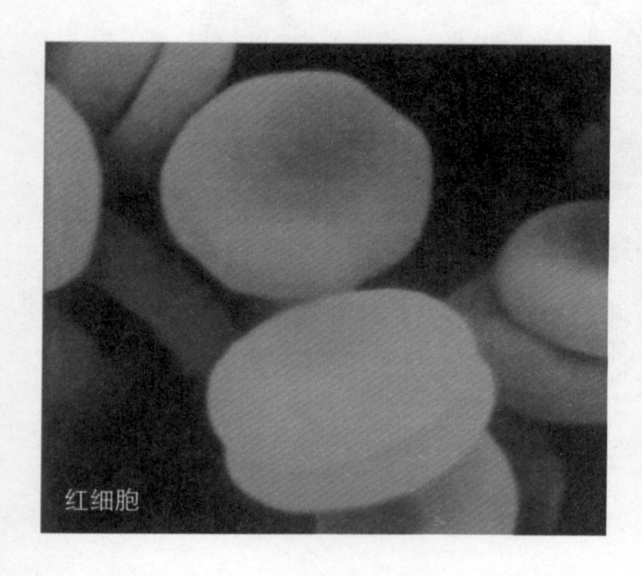

红细胞

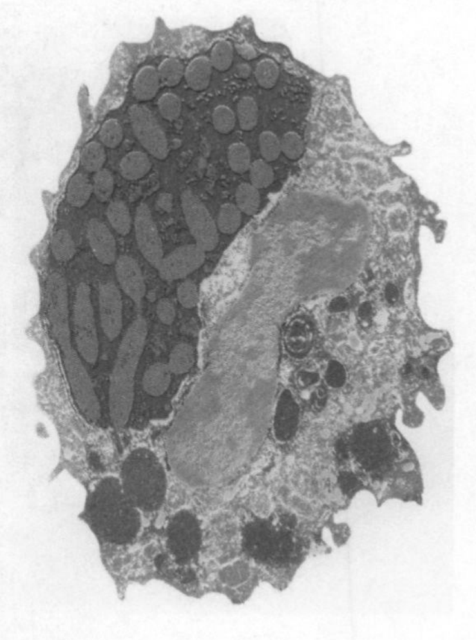

白细胞

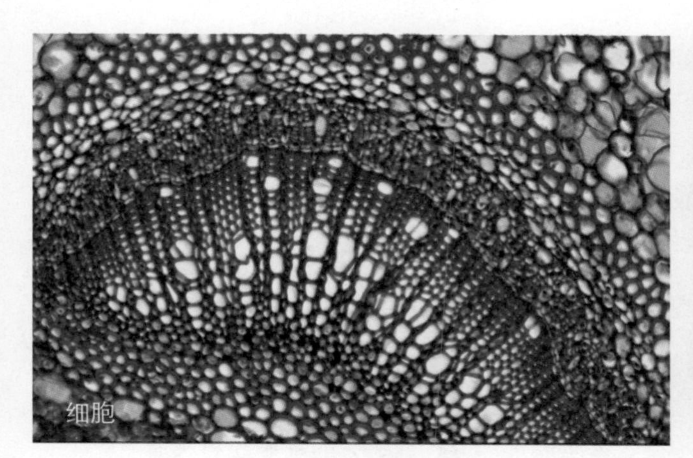

细胞

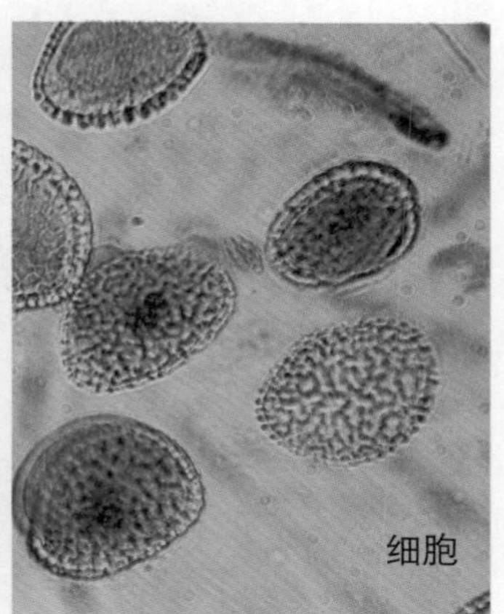

细胞

细胞

细菌

▶▶ XIJUN

细菌是在自然界分布最广、个体数量最多的有机体，是大自然物质循环的主要参与者。

细菌的结构

细菌主要由细胞膜、细胞质、核质体等部分构成，有的细菌还有荚膜、鞭毛、菌毛等特殊结构。细菌十分微小。

细菌与人类的关系

细菌与人类的关系十分密切，有很多疾病都是由它们引起的，一些腐败菌还常常引起食物和工农业产品腐烂变质。但是，大多数细菌对人类不仅无害，而且有益。例如：人们利用谷氨酸棒状杆菌制造食用味精，用乳酸菌生产酸奶，利用产甲烷菌生产沼气，以及借助细菌来冶炼金属、净化污水、制作使庄稼增产的细菌肥料。另外，造纸、制革、炼糖等也都需要细菌。总之，大多数细菌对人类是有益的。

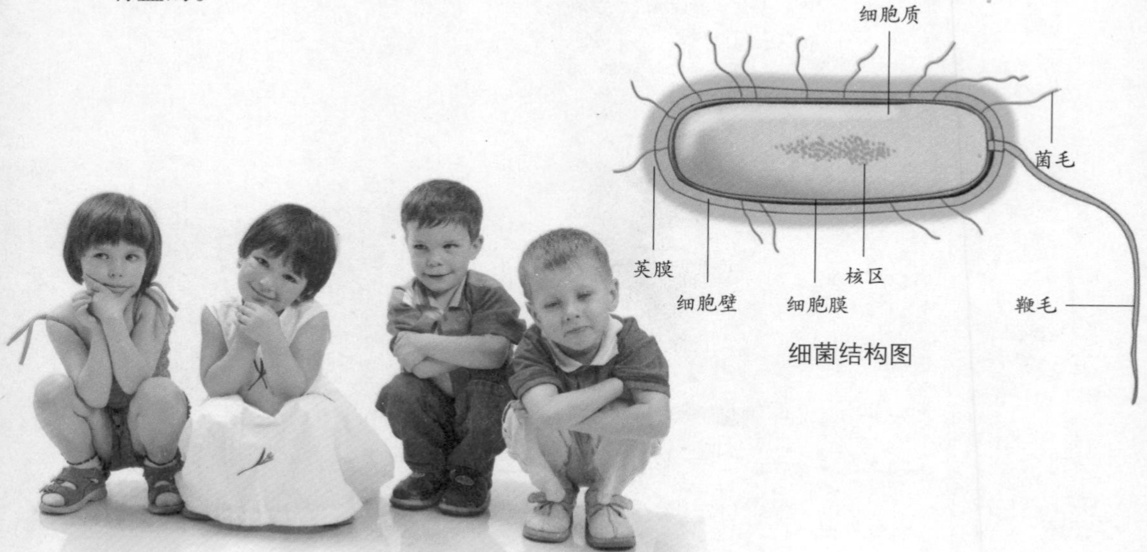

细菌结构图

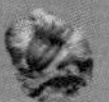

知识小链接

细菌名字的意思

细菌这个名词最初由德国科学家埃伦伯格在1828年提出，用来指某种细菌。这个词来源于希腊语，意为“小棍子”。

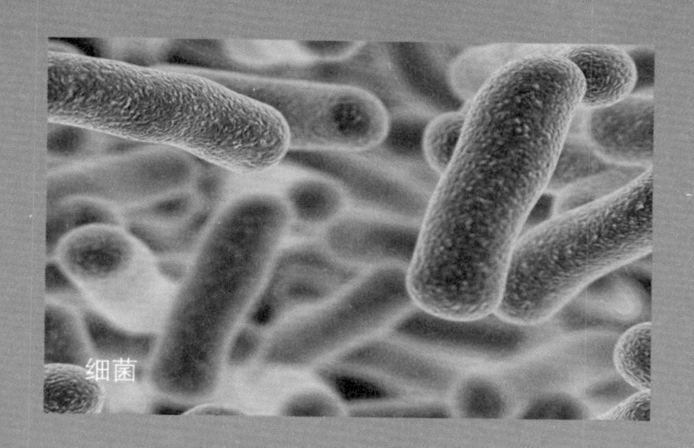

细菌

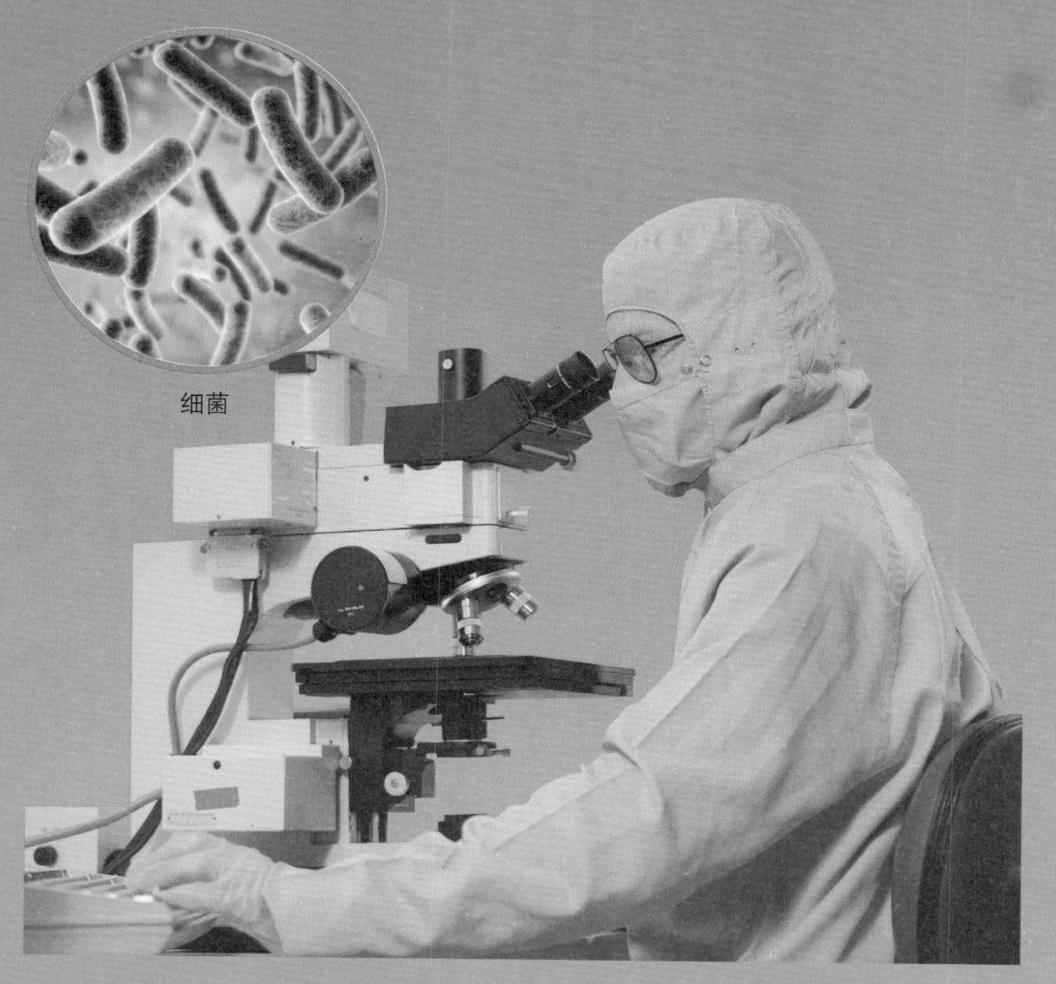

细菌

病毒

BINGDU

只要有生命存在的地方，就有病毒存在；病毒很可能在第一个细胞进化出来时就存在了。

肉眼看不到

病毒是一类比细菌小，能通过细菌滤器，仅含一种类型核酸，只能在活细胞内生长繁殖的非细胞形态的微生物，需要用电子显微镜才能观察到。也就是说，病毒本身不具备细胞结构，只有在活的宿主细胞内才能进行生命活动，具有生命特征。

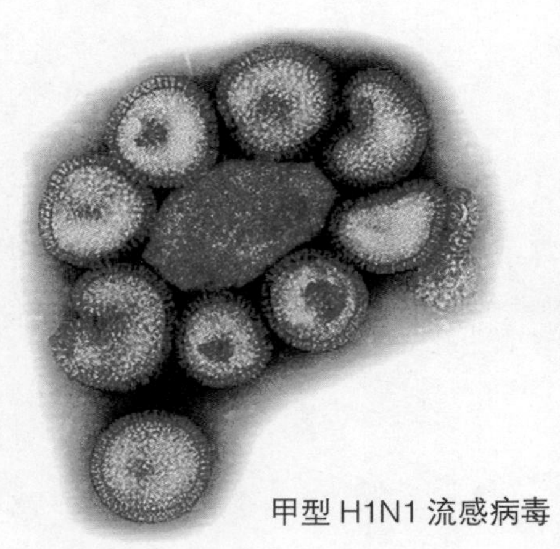

甲型 H1N1 流感病毒

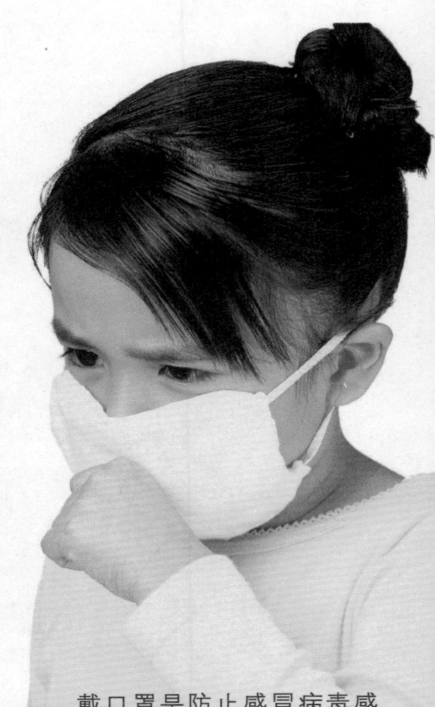

戴口罩是防止感冒病毒感染的措施之一

病毒的危害

病毒可以引起人、动物感染传染病，危害极大。狂犬病和流感都是常见的病毒性疾病。一般情况下，病毒对自然环境的抵抗力是很小的，对阳光、干燥和温度等都很敏感。病毒几乎可以感染所有的细胞生物，一般可以分为动物病毒、植物病毒和微生物病毒。

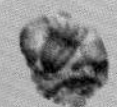

病毒的传播方式

病毒的传播方式多种多样，不同类型的病毒采用不同的方法。例如，植物病毒可以通过以植物汁液为生的昆虫，如蚜虫，在植物间进行传播；而动物病毒可以通过蚊虫叮咬得以传播。这些携带病毒的生物体被称为“载体”。

预防与治疗

因为病毒使用宿主细胞来进行复制并且寄居其内，因此很难用不破坏细胞的方法来杀灭病毒。现在，最积极的应对病毒疾病的方法是接种疫苗来预防病毒感染或者使用抗病毒药物来降低病毒的活性以达到治疗的目的。

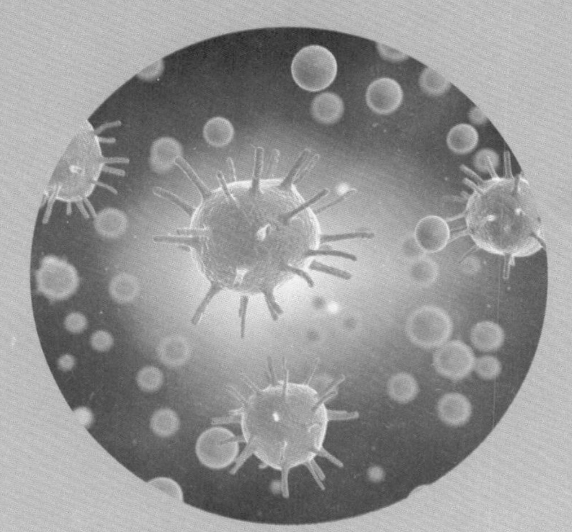

病毒

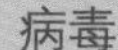

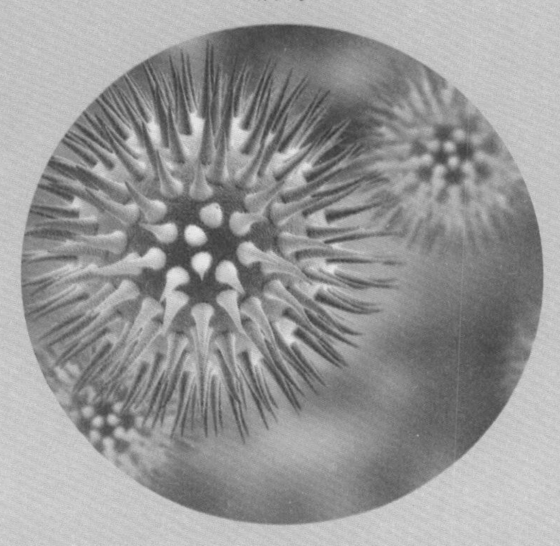

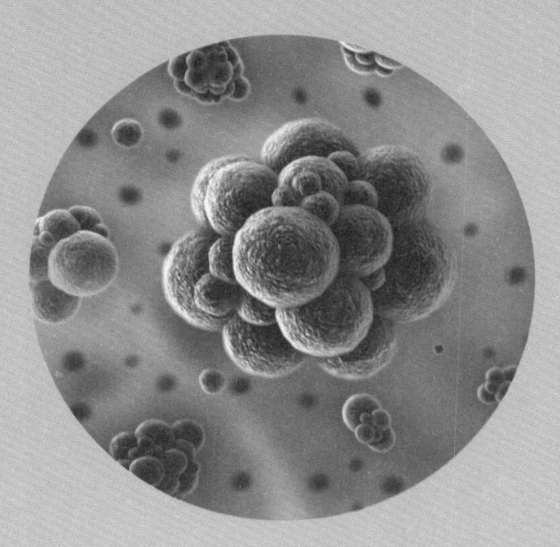

病毒

原生动物

YUANSHENG-DONGWU

原生动物是一类缺少真正细胞壁，细胞通常无色，具有运动能力，并进行吞噬营养的单细胞真核生物。它们个体微小，大多数都需要通过显微镜才能看见。

分布范围

原生动物无所不在，从南极到北极的大部分土壤和水生栖地中都可发现其踪影。大部分肉眼看不到。许多种类与其他生物体共生，现存的原生动物中约 1/3 为寄生物。

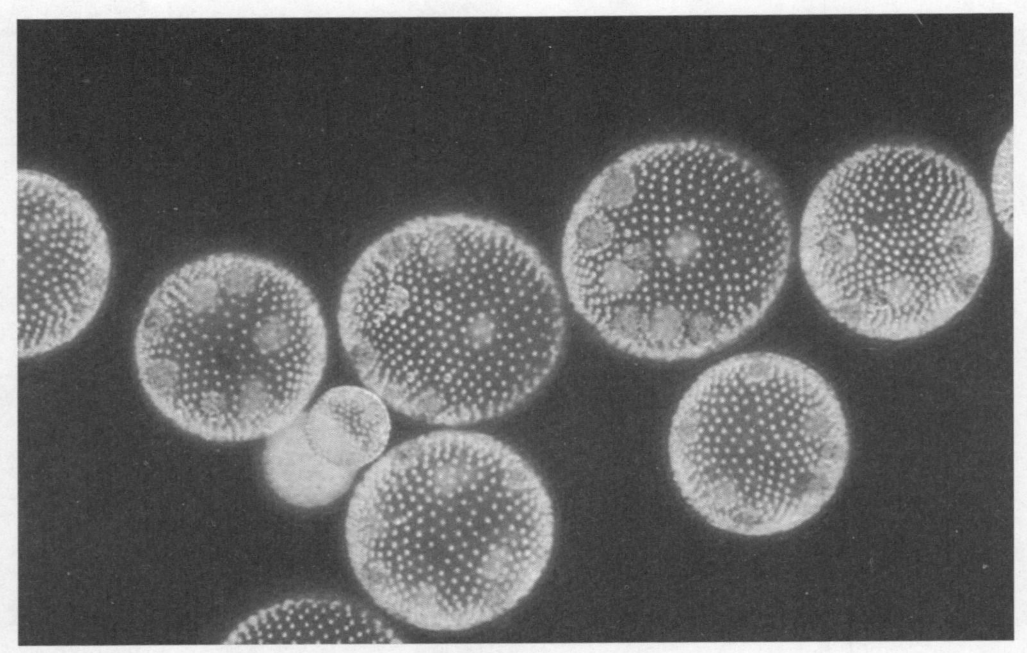

显微镜下的放射虫

原生动物的益和害

原生动物虽然很微小，人们用肉眼难以观察，但是，这类动物却直接或间接地与人类有着密切的关系，有的对人类有益，有的有害。比如，草履虫能吞食细菌，净化污水；太阳虫、钟虫可以做鱼的饵料；痢原虫、痢疾内变形虫会使人得痢疾等。

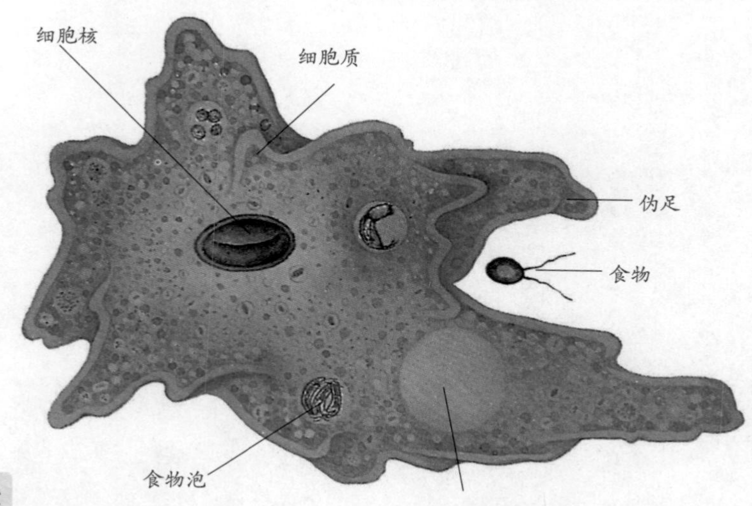

变形虫

变形虫经常改变它的形状。它伸出伪足进行运动和吞食食物，并含有消化食物的食物泡和能压出水的伸缩泡。

科研用处

原生动物结构简单、繁殖快、容易培养，是科研教学的极好材料。

另外，有孔虫和放射虫的化石可以被用来鉴定地层的年代，还有些原生动物是水质污染的指示生物。

几种原生动物

著名的原生动物有变形虫、鞭毛虫、草履虫、疟原虫等。

变形虫没有固定的形态，细胞膜很薄，由于膜内原生质的流动，体表任何部位都可以形成突起，即伪足。由此，虫体不断向伪足伸出的方向移动。伪足可以把食物包围起来，同时还能将一部分水分也包围进去，形成食物泡，并在食物泡内进行整个消化过程。

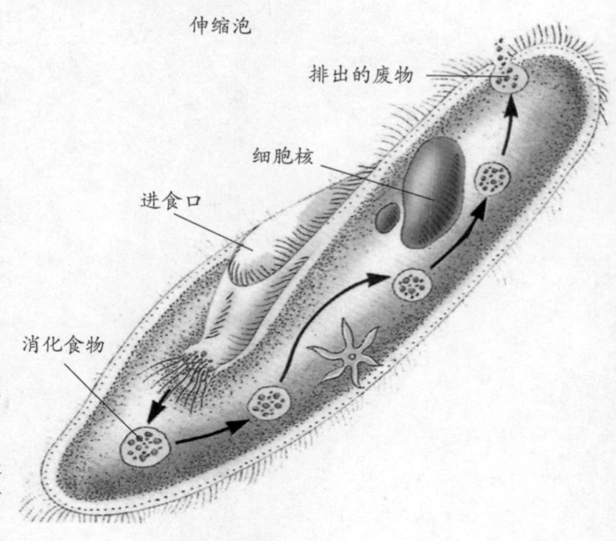

草履虫

常见的草履形状像倒置的草鞋，全身长满纤毛，有一条口沟斜向身体的中部，沟底有一个胞口，该处的纤毛又密又长，摆动有力。当草履虫游动时，全身纤毛有节奏地摆动，使虫体呈螺旋形线路前进。

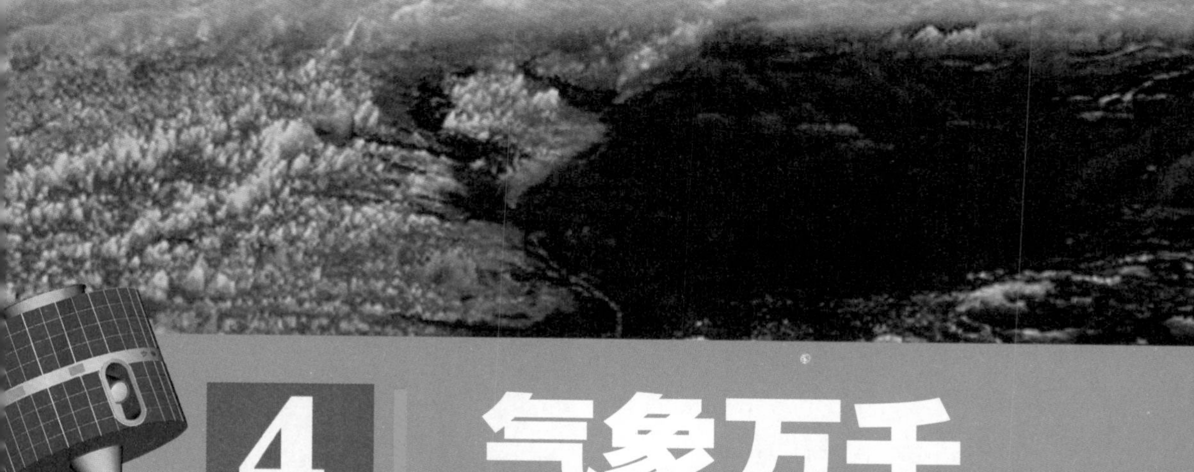

4 第四章 气象万千

有一位魔术师，它能让人们热得无法呼吸，也能将世界变得银装素裹，甚至能让无风无云的天空突然电闪雷鸣，吓我们一跳……想知道这位魔术师是谁吗？那就让我们翻开这一章，一起欣赏这个世界上最厉害的魔术师的精彩表演吧！

气候

QIHOU

沙漠气候

气候是一个地方多年的天气平均状况，一般变化不大。气候按照热量与水分结合状况的差异、水分季节分配的不同或地形区别等可分为多种类型，如热带沙漠气候、温带海洋性气候、高原山地气候、寒带气候等。

热带沙漠气候

热带沙漠气候是地球上最干燥的气候类型，典型的地区是非洲的撒哈拉沙漠和卡拉哈里沙漠。热带沙漠气候光照多，云雨较少，夏季更是酷热干燥，多风沙，且昼夜温差较大。

温带海滩

温带海洋性气候

温带海洋性气候在欧洲的分布面积最广，典型的气候特征是全年温和湿润。一般降水较均匀，夏天不会特别热，冬天也不会十分寒冷，气温年变化较小。

高原山地气候

高原山地气候多分布在海拔较高的高山或者高原地区。因为地势高，所以全年低温，降雨之际多伴有冰雹。

寒带气候

寒带气候即极地气候，分冰原气候和苔原气候两种。寒带气候因为极昼和极夜现象的出现而无明显的四季变化，接受太阳光热较少，全年气候寒冷，降水稀少。

风

FENG

风是一种自然现象，看不见，摸不着。

风的形成

风的形成和太阳照射是分不开的。太阳照射地面，由于地形不一样，有的地方是浩瀚水面，有的地方是崇山峻岭，有的是广阔平地，因而受热不均，造成各地气温有的高，有的低。热的地方空气密度小，气压就降低；冷的地方空气密度大，气压就升高。空气会从气压高的地方向气压低的地方流动，这样不断流动就形成了风。

海风

我们都知道，海边通常会有风，这是因为，通常晴朗的白天，陆地受热比海面快，海面上的气压比陆地高，海风就源源不断地吹向陆地；而夜间陆地散热比海上快，海上的气压比陆地低，风就从陆地吹向海上。

海风

风的等级划分

无 风（0级） 烟直上，平静。
软 风（1级） 烟示方向。
轻 风（2级） 感觉有风，树叶有微响。
微 风（3级） 旌旗展开，树叶、小树枝微微摇动。
和 风（4级） 吹起尘土，小树枝摇动。
劲 风（5级） 小树摇摆。
强 风（6级） 电线有声，举伞困难。
疾 风（7级） 步行困难，全树摇动。
大 风（8级） 折毁树枝，人前行困难。
烈 风（9级） 屋顶受损，瓦片移动。
狂 风（10级） 树根拔起，建筑物被毁。
暴 风（11级） 房屋被吹走，造成重大损失。
飓 风（12级） 造成巨大的灾害。

微风吹起波纹

无风水平如镜

狂风掀起巨浪

台风的形成

热带海面在阳光的强烈照射下，海水会大量蒸发，从而形成巨大的积雨云团。热空气上升后，这一区域气压则会下降，周围的空气会源源不断地涌入，因受地球转动的影响，涌入的空气会出现剧烈的空气旋转，这就是热带气旋。这种气旋边旋转边移动，风速可达 10 级以上。这种气旋发生在大西洋西部的被称为飓风，发生在太平洋西部海洋和南海海上的被称为台风。

台风云图

台风的利弊

台风是一种破坏力很强的灾害性天气系统，台风过境时常常带来狂风暴雨的天气，引起海面巨浪，严重威胁航海安全。台风登陆后带来的风暴降水可能摧毁庄稼、各种建筑设施等，造成人民生命、财产的巨大损失。但有时台风也能起到消除干旱的有益作用。

台风风浪

龙卷风的形成

龙卷风是一种风力极强但范围不大的旋风。

夏天，在对流运动十分强烈的雷雨云中，上下温差悬殊，地面温度高于30℃，而在4000多米的高空，温度却低于0℃。当热空气猛烈上升、冷空气急速下降时，上下空气激烈扰动，形成许多小旋涡。这些小旋涡逐渐扩大，汇聚成大漩涡，于是就形成了龙卷风。

龙卷风的分类

龙卷风主要分为两种：一种产生在陆地上，叫作“陆龙卷”；另一种在海面或河面上生成，叫作“水龙卷”。

龙卷风的危害

龙卷风的风速常常达每秒100多米，破坏力极大，能把海水、人、动物、树木等卷到空中。

龙卷风

云

YUN

云是指停留在大气层的水滴、冰晶的集合体。

云的形成

地面上的积水慢慢不见了，晾着的湿衣服不久就干了，水到哪里去了？原来，水受太阳辐射后变成水汽，蒸发到空气中去了。到了高空，水汽遇到冷空气便凝聚成了小水滴，然后又与大气中的尘埃、盐粒等聚集在一起，便形成了千姿百态的云。

云的作用

云吸收从地面散发的热量，并将其反射回地面，这有助于使地球保温。而且云同时也将太阳光直接反射回太空，这样便有降温作用。

云的颜色

我们平时看到的云有各种色彩，有的洁白，有的乌黑，有的呈红色或黄色……其实，天上的云都是白色的，只是因为云层的厚度不同，以及云层受到阳光的照射不同而显出不同的颜色。

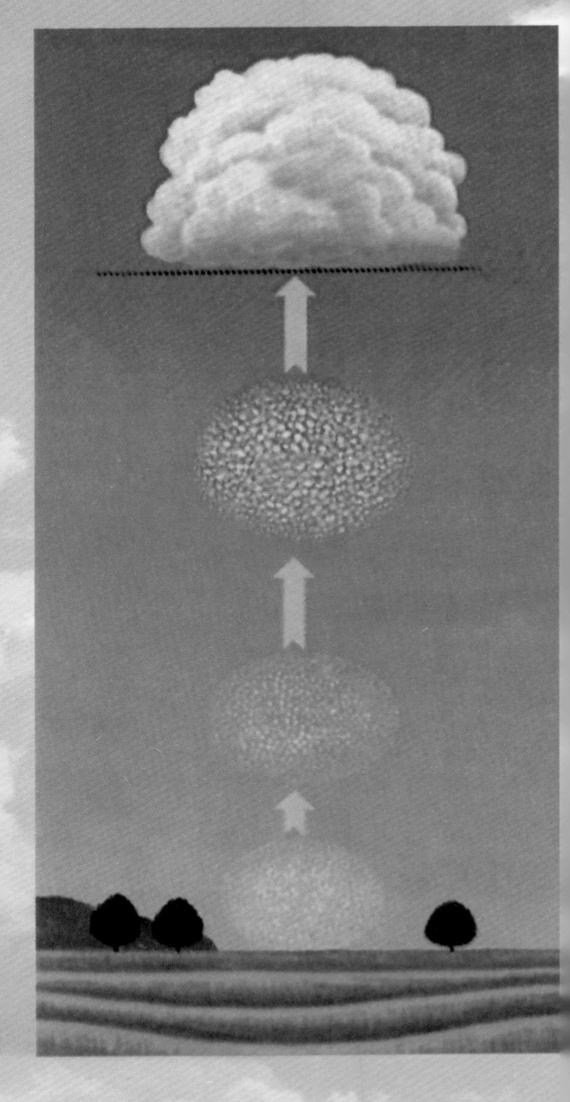

云的形成示意图

火烧云

云的种类

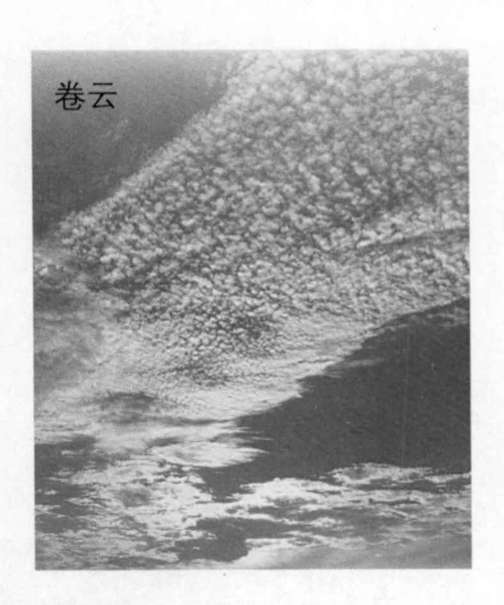
卷云

卷云像羽毛一样丝丝缕缕地漂浮在天空最高处。

积云呈棉花状，这种云夏天最常见。积云较多的时候会形成积雨云，带来雷电天气。

火烧云会在日出或日落时成片出现，颜色通红，又叫朝霞和晚霞。

层云是低而均匀的云层，多呈灰色或灰白色，像雾一样，但不接地，常出现在山里。天空出现层云，有时会降毛毛雨。

积云

积雨云

层云

雷电

LEIDIAN

雷电是伴有闪电和雷鸣的一种雄伟壮观而又有点儿令人生畏的放电现象。

雷电的形成

在夏季闷热的午后或傍晚，地面的热空气携带着大量的水汽不断上升到天空，形成大块大块的积雨云。由于云中的电流很强，通道上的空气就会被烧得炽热，温度比太阳表面温度还要高，所以会发出耀眼的白光，这就是闪电。雷声是通道上的空气和云滴受热而突然膨胀后发出的巨大声响。

雷电形成的原理

正电荷

负电荷

闪电释放负电荷

闪电被吸向带正电的地面而使电荷中和

雷电的利弊

雷电会击毁房屋，造成人畜伤亡，引起森林火灾。但雷电带来的并不都是坏事，它能给农作物提供充分的水分，净化大气，还能给大地带来肥料。

云间雷电

片状闪电

一些闪电在云中闪烁时会造成某一区域的天空一片光亮，这种闪电被称为片状闪电。

枝状闪电

一些普通闪电出现时，会像树枝一样曲折分叉，人们称这种闪电为枝状闪电。

片状闪电

带状闪电

枝状闪电如果分成几条，并呈平行状态出现，就叫作带状闪电。

云间闪电

一些闪电只在云层间出现，而没能到达地面，这类闪电被称为云间闪电。

晴天霹雳

还有一些闪电比较特殊，它们会在云间横行一段距离，然后在远离云雨区的地面降落，这种闪电就是人们常说的“晴天霹雳”。

带状闪电

枝状闪电

雨

▶▶ YU

雨是从云中降落的水滴。它是人类生活中重要的淡水来源之一，但过多的降雨也会带来严重的灾害。

雨的到来

陆地和海洋表面的水蒸发后变成水蒸气，水蒸气上升到一定高度后遇冷变成小水滴，小水滴组成了云，在云里互相碰撞，变成大水滴，然后从空中落下来，形成雨。在夏季，雨常常在雷电的陪伴下出现。

万物生长离不开雨

小雨

小雨指的是雨滴清晰可见，雨声微弱，落到地上时雨滴不四溅的降雨现象。一般小雨出现时，屋檐上只有滴水且洼地积水很慢，12 小时内降水量小于 5 毫米或 24 小时内降水量小于 10 毫米。

雨积水

中雨

中雨一般指日降水量为 10 毫米—24.9 毫米的雨，雨落如线，雨滴不易分辨，洼地积水较快。

暴雨

暴雨可以简单理解为降水强度很大的雨。我国气象上规定，24 小时内降水量达到 50 毫米或以上的强降雨为“暴雨”。

暴雨

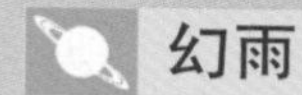

幻雨

幻雨多出现在沙漠上空，指的是雨点在落地以前就蒸发掉了的自然现象。出现这种现象的主要原因是沙漠地区的低空极热、干燥。

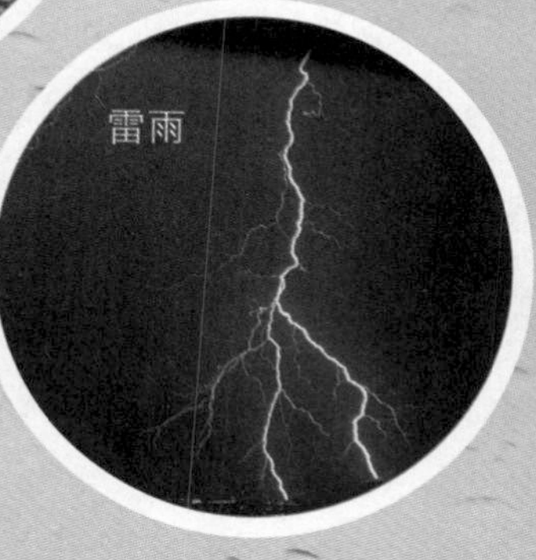
雷雨

沙漠地区常出现幻雨

酸雨

如果空气中含酸量过大，则会形成酸雨，酸雨危害十分严重。酸雨中含有多种无机酸和有机酸，绝大部分是硫酸和硝酸，还有少量灰尘。下酸雨时，树叶会受到严重侵蚀，树木的生存受到严重危害，不仅森林受到严重威胁，土壤由于受到酸性侵蚀，也会导致农业减产。

此外，酸雨容易腐蚀水泥、大理石，并能使铁器表面生锈。因此，建筑物、公园中的雕塑以及许多古代遗迹也容易受腐蚀。

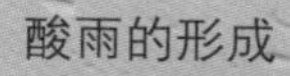
酸雨的形成

雪

XUE

雪是水蒸气在空中凝结为白色结晶而落下的自然现象，或指落下的雪花。雪只有在很冷的温度下才会出现，因此亚热带地区和热带地区下雪的概率较小。

雪的形成

雪和雨一样，都是水蒸气凝结而成的。当云中的温度在0℃以上时，云中没有冰晶，只有小水滴，这时只会下雨。如果云中和下面的空气温度都低于0℃，小水滴就会凝结成冰晶，降落到地面。

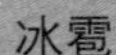

知识小链接

冰雹

水汽在上升过程中遇冷会凝结成小水滴，当气温低于0℃时，水滴就会凝结成冰粒，并在上下翻滚中不断吸附其周围的小冰粒或水滴而“长大”。当这些冰粒降落到地面，就变成了我们见到的冰雹。冰雹小如绿豆，大似鸡蛋，是严重的自然灾害之一。

冰雹

雪原

雪花的形状

单个雪花又轻又小，都是有规律的六角形。雪花的形状与它在形成时的水汽条件有密切关系。如果云中水汽不太丰富，只有冰晶的面上达到饱和，凝华增长成柱状或针状雪晶；如果水汽稍多，冰晶边上也达到饱和，凝华增长成为片状雪晶；如果云中水汽非常丰富，冰晶的面上、边上、角上都达到饱和，其尖角突出，得到水汽最充分，凝华增长得最快，因此大都形成星状或枝状雪晶。

知识小链接

雾凇

北方冬季时，在树枝、电线等的迎风面上常能见到一些白色或乳白色不透明的冰层，这些冰层实际上是水汽凝华后结成的冰花，俗称树挂，也就是我们说的雾凇。雾凇是自然美景，但严重时，会将电线、树木压断，造成损失。

雾凇

雪对农作物的作用

雪有利于农作物的生长发育。雪有很好的保温效果，可以在寒冬保护植物不被冻伤，来年开春雪水融化还可以为植被提供良好的水源。

霜和露

SHUANG HE LU

霜和露的出现过程是雷同的，都是在空气中的相对湿度达到100%时，水分从空气中析出的现象。它们的差别只在于露点（水汽液化成露的温度）高于冰点，而霜点（水汽凝华成霜的温度）低于冰点。

露水的形成

在晴朗无云、微风拂过的夜晚，由于地面的花草、石头等物体散热比空气快，温度比空气低，所以当较热的空气碰到地面这些温度较低的物体时，便会发生饱和，水汽凝结成小水珠滞留在这些物体上面，这就是我们看到的露水。

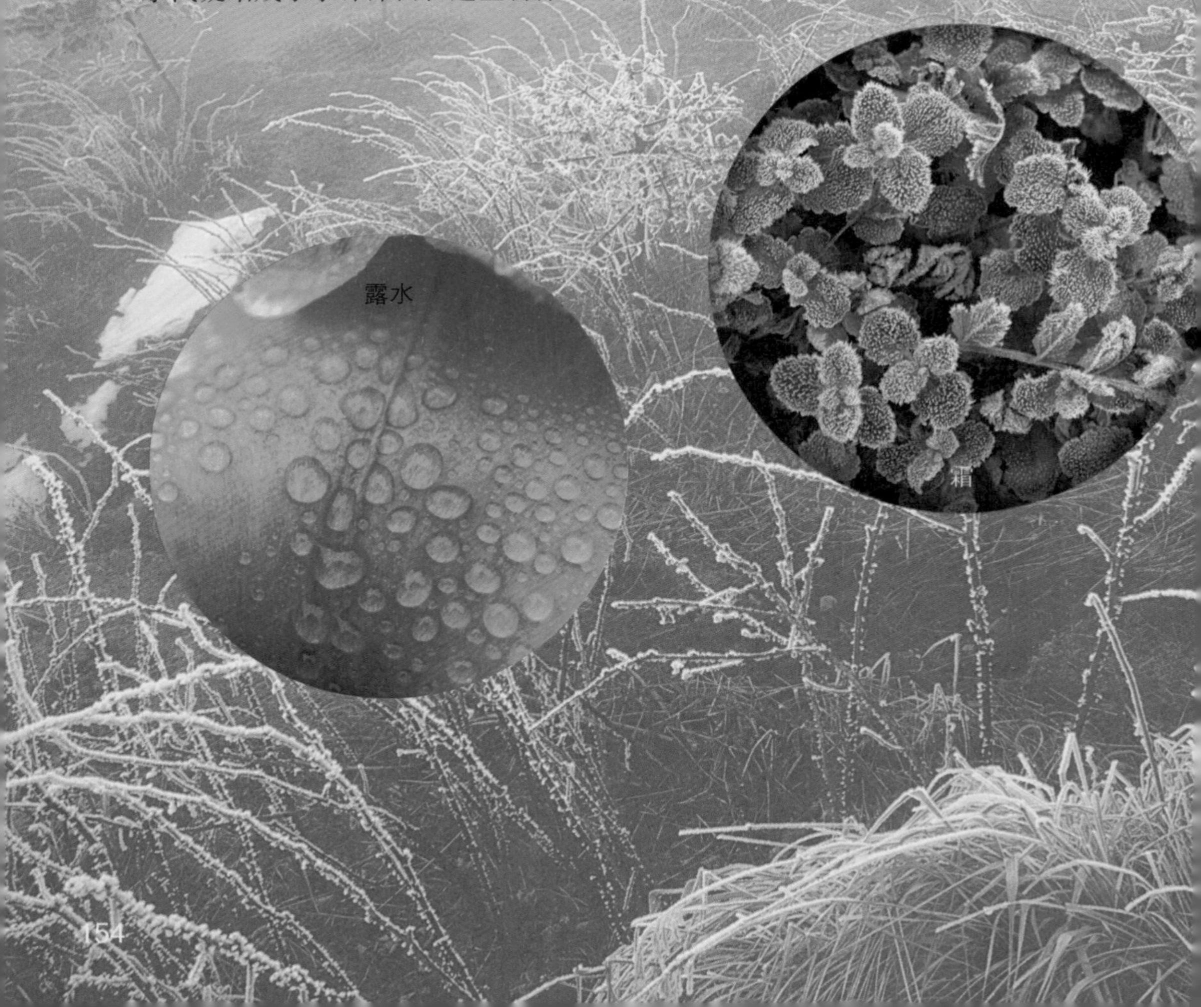

露水

霜

露水

露水的作用

露水对农作物生长很有利。因为在炎热的夏天，白天农作物的光合作用很强，会蒸发掉大量的水分，发生轻度的枯萎。到了夜间，由于露水，农作物又恢复了生机。

霜的形成

深秋和初春时节，当夜间气温降到0℃以下时，空气中富余的水汽便会在不易导热的叶子和木、瓦等物体上直接凝结成白色的小冰晶，这就是霜。

霜对农作物的影响

有霜时节，农作物如果还没收获，常常会遭受霜冻。实际上，农作物不是因为霜而受冻的，零下低温才是真正的凶手。因为在空气十分干燥时，即使到零下一二十摄氏度的低温，也不会出现霜，但此时农作物早已被冻坏了。

霜期的名称

入秋后最早出现的一次霜，被称为初霜；入春后最后一次霜，被称为终霜。从终霜到初霜的日子是无霜期。我国北方的无霜期短，越往南无霜期越长。

雾和霾

WU HE MAI

气象学称因大气中悬浮的水汽凝结，能见度低于1千米的天气现象为雾。而悬浮在大气中的大量微小尘粒、烟粒或盐粒的集合体，使空气混浊，水平能见度降低到10千米以下的天气现象被称为霾。

雾的形成

白天太阳照射地面，导致水分大量蒸发，使水汽进入空气中，同时地面也吸收了大量的热量。到了傍晚，太阳落山以后，地面吸收的热量就开始向上空散发，接近地面的空气温度也会随着降低。天气越晴朗，空中的云量越少，地面的热量就散发得越快，空气温度也降得越低。到了后半夜和第二天早晨，接近地面的空气温度降低以后，空气中的水汽超过了饱和状态，多余的水就凝结成微小的水滴，分布在低空形成雾。因此，当白天太阳一出来，地面温度升高，空气温度也随之升高，空气中容纳水汽的能力增大时，雾便会逐渐消散。

雾的影响

雾是对人类交通活动影响最大的天气之一。由于有雾时的能见度大大降低，很多交通工具都无法使用，如飞机等；或使用效率降低，如汽车、轮船等。

雾其实是空气中的小水珠附在空气中的灰尘上形成的，所以雾一多就表示空气中的灰尘多，危害人的健康。

霾的形成

霾的形成与污染物的排放密切相关，城市中机动车尾气以及其他烟尘排放源排出的粒径在微米级的细小颗粒物，停留在大气中，当逆温、静风等不利于扩散的天气出现时，就形成霾。

霾的影响

霾的核心物质是空气中悬浮的灰尘颗粒，气象学上称之为气溶胶颗粒。它们在人们毫无防范的时候侵入人体呼吸道和肺叶中，从而引发很多种疾病。

雾和霾的区别

雾和霾的区别主要在于水分含量的大小：水分含量达到 90% 以上的叫雾，水分含量低于 80% 的叫霾。80% ~ 90% 间的，是雾和霾的混合物，但其主要成分是霾。

以能见度来区分：水平能见度小于 1 千米的，是雾；水平能见度小于 10 千米的，是霾。

晨雾

霾

霾

彩虹

CAIHONG

彩虹是气象中的一种光学现象。阳光照射到半空中的水滴，光线被折射及反射，在天空中形成拱形的七彩光谱。

彩虹的形成

大雨后的空气中，飘浮着许多小水珠，它们就像一个个悬浮在空中的三棱镜，阳光通过它们时，先被分解成红、橙、黄、绿、蓝、靛、紫七色光带，然后再被反射回来，形成彩虹。

双彩虹

观察彩虹

彩虹最常在下午、雨后刚转晴时出现。这时空气中尘埃少而且充满小水滴，天空的一边因为仍有雨云而较暗，在观察者头上或背后已没有云的遮挡而可见阳光，这样彩虹便会较容易被看到。

彩虹与天气变化

彩虹的出现与当时天气的变化相联系，一般人们可以从彩虹出现在天空中的位置推测当时将出现晴天或雨天。东方出现彩虹时，本地是不大容易下雨的，而西方出现彩虹时，本地下雨的可能性很大。

彩虹

双彩虹

有时，在彩虹的外侧还能看到第二道虹，色彩比第一道稍淡，被称为副虹或霓。虹和霓色彩的次序刚好相反，虹的色序是外红内紫，而霓的色序是外紫内红。

彩虹

晴天，多水的地方在一定条件下，也会出现彩虹。

温度

WENDU

气象学上把表示空气冷热程度的物理量称为空气温度，简称气温。国际标准气温度量单位是摄氏度（℃）。

天气预报中的气温

天气预报中所说的气温，指在野外空气流通、不受太阳直射的环境下测得的空气温度（一般在百叶箱内测定）。最高气温是一日内气温的最高值，一般出现在14时～15时；最低气温是一日内气温的最低值，一般出现在早晨5时～6时。

气温变化

气温变化分日变化和年变化。日变化，最高气温在午后2时，最低气温在日出前后。年变化，北半球陆地上7月份最热，海洋上8月份最热；南半球与北半球相反。

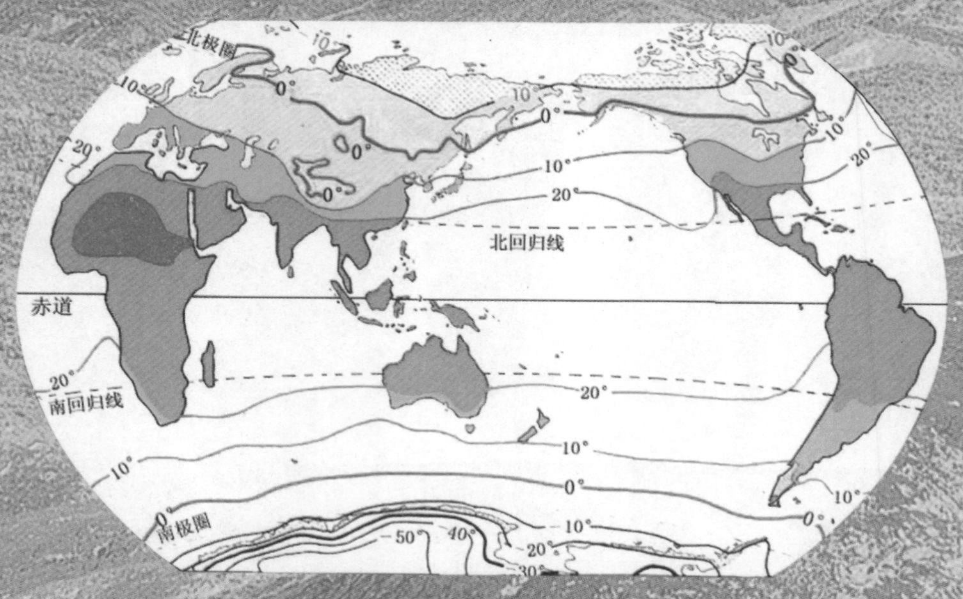

世界年平均气温分布图

气温分布特点

从低纬度向高纬度递减，因此等温线与纬线大体上平行。同纬度海洋与陆地的气温是不同的。夏季等温线陆地上向高纬方向突出，海洋上向低纬方向突出。

世界上最热的地方

达纳吉尔凹地的达洛尔地热区位于海平面以下 116 米，地势虽低，温度却高，这里有着 34.4℃的世界最高平均气温。游客穿越含盐平原就可来到世上海拔最低的达洛尔火山，这里的温度更是让人觉得如火烤一般炙热。

世界上最冷的地方

世界上最冷的地方是南极洲，那里终年被厚厚的冰雪覆盖着，平均积雪厚度为 1700 米，地面的温度很低。

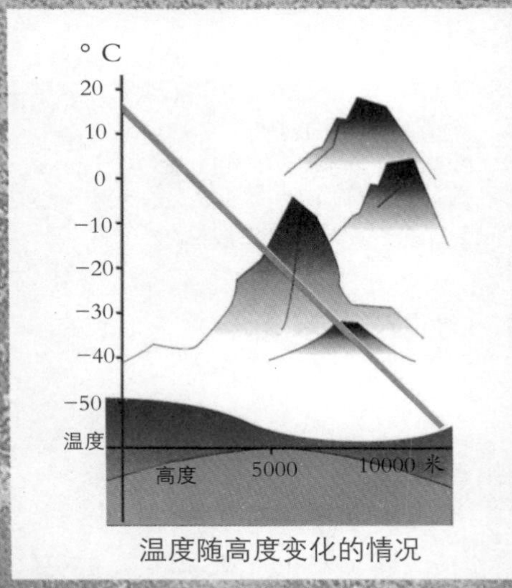

温度随高度变化的情况

湿度

▶▶ SHIDU

大气中水蒸气含量的多少或空气的干湿程度，简称湿度。

湿度对空气的影响

在一定的温度下，一定体积的空气里含有的水汽越少，空气越干燥；水汽越多，空气越潮湿。

静电

湿度对人的影响

人体在室内感觉舒适的最佳相对湿度是40% ~ 50%，相对湿度过小或过大，对人体都不宜，甚至有害。居住环境的相对湿度若低至10%以下，人易患呼吸道疾病，出现口干、唇裂、流鼻血等现象。相对湿度过大，又易使室内家具、衣物、地毯等织物生霉，铁器生锈，电子器件短路，对人体有刺激。

静电与湿度

在中国的北方，到了冬天的时候，我们往往会遇到静电的困扰，这是因为空气的相对湿度太低了。研究发现，在空气逐渐干燥时（相对湿度的百分比减小），产生静电的能力的变化是确定且明显的。在相对湿度10%（很干燥的空气）时，人在地毯上行走，能产生35千伏的电荷，但在相对湿度为55%时将锐减至7.5千伏。

阿塔卡马沙漠

世界上最干燥的地方

世界上最干燥的地方是智利的阿塔卡马沙漠，那一地区通常降雨量极少。智利西北部的阿里卡创造了世界上最长的“无降雨”记录，该地从1903年10月至1918年1月，没有任何降雨。

多雨湿润的热带雨林

密克罗尼西亚群岛

世界上降水量最多的地方

印度的乞拉朋齐曾创下26461.2毫米的年降水量纪录，被称为“世界雨极”。

美国最干最热的地方——死谷

天气预报

TIANQI YUBAO

天气预报就是应用大气变化的规律，根据当前及近期的天气形势，对某地区未来一定时期内的天气状况进行预测。

天气预报的工具

天气预报的重要工具是天气图。天气图主要分地面天气图和高空天气图两种。天气图上密密麻麻地填满了各式各样的天气符号，这些符号都是将各地传来的气象电码翻译后填写的。每一种符号代表一种天气，所有符号都按统一规定的格式填写在各自的地理位置上。这样，就可以把广大地区在同一时间内观测到的气象要素如风、温度、湿度、阴、晴、雨、雪等统统填在一张天气图上，从而制成一张张代表不同时刻的天气图。有了这些天气图，预报人员就可以进一步分析加工，并将分析结果用不同颜色的线条和符号表示出来。

随着气象科学技术的发展，现在有些气象台已经在使用气象雷达、气象卫星及电子计算机等先进的探测工具和预报手段来提高天气预报的水平，并且收到了显著的效果。

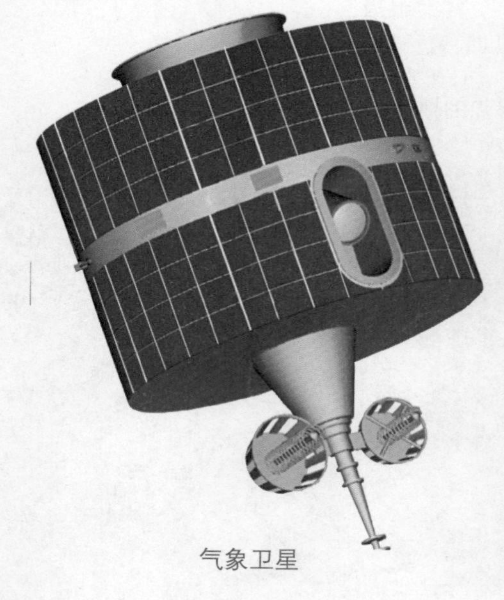
气象卫星

卫星云图

天气预报的作用

天气预报的主要内容是一个地区或城市未来一段时期内的阴晴雨雪、最高最低气温、风向和风力及特殊的灾害性天气。气象台准确预报寒潮、台风、暴雨等自然灾害出现的位置和强度，就可以直接为工农业生产和群众生活服务。

知识小链接

天气预报的来历

1845 年 11 月，一场可怕的狂风巨浪使准备攻打俄国的英法联合舰队几乎全军覆没。法国气象学家勒维烈据此进行研究，发现世界各地的天气是互相影响的，他建议将各地的天气情况汇总后制成“天气图”，并对欧洲的天气情况做出预报，天气预报由此产生。

冷空气与暖空气

地球任何地方都在吸收太阳的热量，但是由于地面每个部位受热的不均匀性，空气的冷暖程度就不一样。于是，暖空气膨胀变轻后上升；冷空气冷却变重后下降，这样冷暖空气便产生对流，形成了风。风从中心高压区吹向四周的称为反气旋，相反，风从四周进入中心低压区的称为气旋。气压差越大，风速越大。

北半球：顺时针旋转的风从高压区吹出，然后逆时针进入低压区。

南半球：逆时针旋转的风从高压区吹出，然后顺时针进入低压区。

5

第五章

动物世界

动物是大自然的精灵，在浩瀚的海洋中、苍茫的大地上、广阔的天空中，到处都有它们的身影，它们让世界充满生机和活力。不论是早已灭绝的恐龙，还是我们熟悉的小猫、小狗，它们带着各自的秘密，共同演绎着这个世界的神奇魅力和盎然生机，让我们带着浓厚的好奇心走到可爱的动物身边，去认识它们、爱护它们，与它们一起享受大自然带给我们的无穷乐趣。

恐龙

KONGLONG

大约 2 亿 3000 万年前，有一类爬行动物，大的长达几十米，小的不足 1 米，生活在陆地或沼泽附近，人们把这种动物称为恐龙。

对恐龙的认识

目前地球上已经没有恐龙存在了，人类对于恐龙的认识多半是从化石研究中得出的结论。虽然大部分的恐龙都生活在陆地上，但如果需要过河，恐龙一定会游过去，也就是说恐龙是会游泳的。别看很多恐龙长得庞大笨拙，其实它们奔跑速度极快，所以在那个时候，恐龙是动物界的绝对霸主。

恐龙的食性

恐龙分为肉食性恐龙和植食性恐龙。据统计，每 100 只恐龙中，除有三五只为肉食性恐龙外，其余全部为植食性恐龙。植食性恐龙能够吃到的植物受限于它们的身高，所以有些小型植食性恐龙为了吃到高处的植物叶子，会用后肢站立。肉食性恐龙以植食性恐龙和其他动物为食。

蜀龙

恐龙

恐龙灭绝的原因

大约 6500 万年前，一场空前的大劫难使恐龙等 75% 的生物物种从地球上永远消失了。

到底是一场什么样的灾难能够让这么多的生物种群在短时间内全部灭绝了呢？一直以来众说纷纭，没有一个定论，其中常见的解释有陨石碰撞说、造山运动说、气候变动说、海洋退潮说等。

在众多观点中，陨石碰撞说被广泛接受。据推测，约 6500 万年前，一颗巨大的陨石曾撞击地球，因撞击而产生的能量，相当于 100 万亿吨黄色炸药的能量。粉尘扩散至平流层，数月之内地球都是一片黑暗，在这期间，以恐龙为首的众多生物都因之而灭绝。

也有很多人认为气候变化带来的极寒导致了恐龙的灭绝

恐龙家族

KONGLONG JIAZU

自从1989年南极洲发现恐龙化石后，全世界七大洲都已有了恐龙的遗迹。据估计，生活于地球上的恐龙很可能在1000种以上。

异特龙

异特龙身长10米～12米，身高约为5米，体重达3吨左右，具有大型、强壮的后肢，前肢较小，但十分适合猎杀植食性恐龙。很多人认为它是地球上有史以来最强大的猎食动物。

恐爪龙

恐爪龙全长约3米，有着非常锋利的牙齿和坚固的下巴，性情凶暴，动作敏捷，奔跑迅速，具有极强的攻击性。

异特龙

恐爪龙

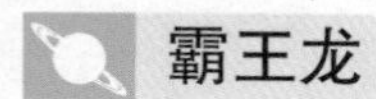

霸王龙

霸王龙是有记录以来，生活在地球上的最大型的肉食恐龙之一，长约有 15 米，体重 7 吨左右，嘴很大，有些牙齿长达 18 厘米，奔跑起来时速可达 40 千米以上。

霸王龙

鸭嘴龙

鸭嘴龙是植食性恐龙，它的体形庞大，身长 10 米左右，高 3 米左右，体重达数吨至数十吨。

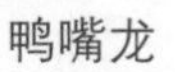

鸭嘴龙

豪勇龙

豪勇龙体长 7 米左右，它生存的时代夜间寒冷、白天干热，它的“帆”大概可以帮助它保持体温的稳定。豪勇龙的拇指钉是最有用的武器，利如匕首。

豪勇龙

甲龙

甲龙身上长有厚厚的硬甲，体长为 5 米 ~ 6.5 米，宽约 1.5 米，高约 1.7 米，体重约为 2 吨，头顶有一对角，4 条腿与脖子都很短，脑袋则非常宽。

甲龙

无脊椎动物

WU JIZHUI DONGWU

无脊椎动物一般可以理解为是背侧没有脊柱的动物，它们是动物的原始形式。

身体特征

无脊椎动物一般都体型小，身体柔软，长有坚硬的外骨骼。它们主要靠外骨骼保护身体，但是却没有坚硬的能附着肌肉的内骨骼。它们体内没有调温系统，身体温度会随外界温度的变化而变化。

珊瑚

美丽的珊瑚长得像植物，其实珊瑚虫是无脊椎动物。

分布

地球上无脊椎动物的出现至少比脊椎动物早1亿年，多数的无脊椎动物都是水生动物，也有一些生活在陆地上，还有一些寄生于其他动物、植物体表或体内。它们分布在世界各地，占现存动物的90%以上。

海星

海洋无脊椎动物

鹦鹉螺

分类

无脊椎动物一般包括原生动物、软体动物、节肢动物、海绵动物、腔肠动物、环节动物等。

海绵动物

海绵是最简单的无脊椎动物，它们是由一群无差别的细胞组成的。海绵体壁有内外两层，海水从它们身体经过时，海水中的微生物和氧气就会被吸收。海绵动物大多生存在浅海、深海中，少数附着于河流、池沼的底部。

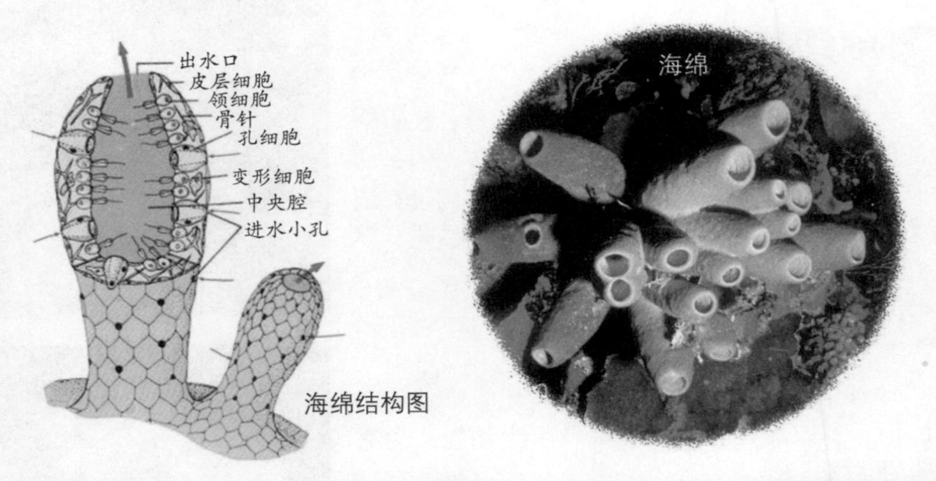

海绵结构图

海绵

海绵

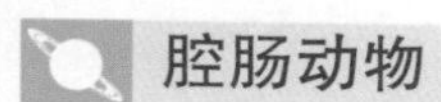

腔肠动物

腔肠动物约有1万种，全部水生，绝大部分生活在海水中，只有淡水水螅和桃花水母等少数种类生活在淡水里。水螅、水母、珊瑚虫、海葵是它们的代表种类。

水螅

海葵

扁形动物

扁形动物一般身体呈扁形，左右对称，多为雌雄同体。已记录的扁形动物约有 15000 种，生活于淡水、海水等潮湿处，一般分为涡虫纲、吸虫纲和绦虫纲。它们的消化系统与一般腔肠动物相似，通到体外的开孔既是口又是肛门。除了肠以外，它们没有广大的体腔。肠是由内脏层形成的盲管，营寄生生活的种类，消化系统趋于退化或完全消失。

扁形动物

软体动物

软体动物在无脊椎动物中是第二大门类，约 75000 种。有水生和陆生种类，但以水生种类最为丰富。由于生活习性不同，各类软体动物之间外形差别很大，但是它们的基本结构是相同的。

现有的软体动物可分为 7 个纲：单板纲、多板纲、无板纲、腹足纲、双壳纲、掘足纲、头足纲。由于种类繁多，所以软体动物的大小也不尽相同。

乌贼

蜗牛结构图

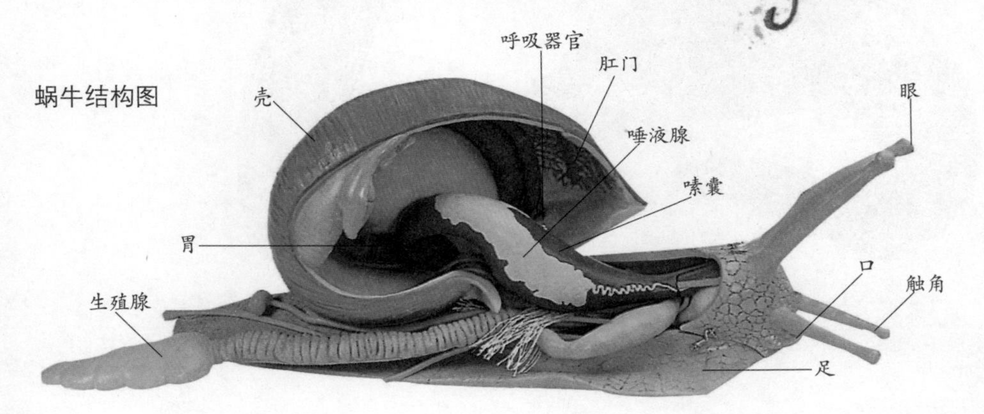

一些品种小到几乎无法直接用肉眼看到，而一些大的鱿鱼竟长达 15 米。大部分软体动物生活在海洋里，有的也生活在淡水里和陆地上。有些陆地蜗牛也生活在高山和炎热的沙漠中。牡蛎、蛤、扇贝则生活在浅海。软体动物通常依附在地上潮湿的物体上，或者深深地藏在水下的烂泥和沙里。大部分软体动物行动缓慢，以植物为食，有的软体动物如鱿鱼，则喜好游泳，并以鱼类和其他海洋动物为猎物。

章鱼

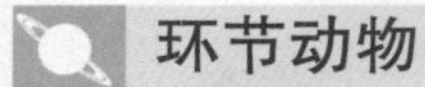

环节动物

蚯蚓、沙蚕、水丝蚓、水蛭常作为环节动物的代表，它们由体节组成。体节是此类动物的特征，这也是无脊椎动物进化过程中的重要标志。

水蛭

蚯蚓结构图

节肢动物

在无脊椎动物中，节肢动物是最重要而且种类最多的一种，它们的身体和腿由结构与机能各不相同的体节构成，常见的有虾、蟹、蜘蛛、蜈蚣及各类昆虫等。

螃蟹

龙虾外部结构

蜜蜂

蜻蜓

鱼类

YU LEI

鱼类是最古老、最低等的脊椎动物，它们几乎栖居于地球上所有的水生环境中——从淡水的湖泊、河流到咸水的大海和大洋。世界上现存的鱼类有 2 万多种。

身体特征

鱼类终年生活在水中，用鳃呼吸，用鳍辅助身体平衡与运动。大多数的鱼都披有鳞片并长有侧线感觉器官，体温会随着外界温度的改变而改变。

分类

现存鱼类按其骨骼性质可以分为软骨鱼和硬骨鱼两类。

鲨鱼

鱼类

软骨鱼

软骨鱼是骨架由软骨而不是硬骨构成的鱼类。软骨鱼大约有 700 种，大部分都是生活在海水中的食肉动物。鲨鱼是软骨鱼的代表。

鳐是软骨鱼

鲑鱼是硬骨鱼

鱼类

硬骨鱼

除软骨鱼外的所有鱼类都可以称为硬骨鱼，主要特征是鱼体骨架至少有一部分是由真正的骨头组成的骨骼。

硬骨鱼结构图

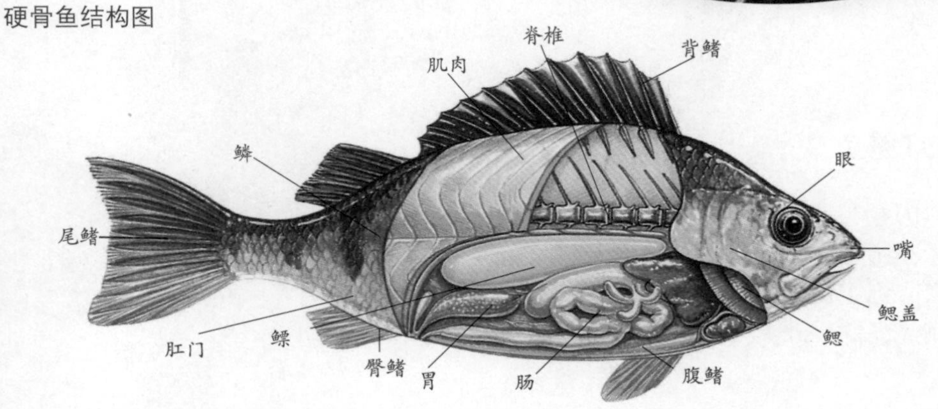

千奇百怪的鱼

QIANQIBAIGUAI DE YU

鱼是脊椎动物中最古老的一类，在海洋中鱼的品种很多，都面临着既要找到食物，又要避免自己成为食物的问题。为了生存，许多鱼类都拥有可用于防卫或攻击的武器。所以鱼类世界里出现了一些长相奇怪、生活方式十分怪异的鱼。

鲸鲨

鲸鲨是世界上最大的鱼，它一般体长 10 米左右，最长的达 20 米，体重相当于 6 头大象的重量。别看它长得庞大可怕，其实性情十分温和，主要食物是浮游生物和小鱼。

鲸鲨

灯笼鱼

灯笼鱼

它因在头部或腹部有成群、成行或单独的形似灯笼的小圆形发光器而得名。白天，发光器是白色的，只有到了夜晚，它才会闪光。灯笼鱼身上有能够控制光亮的“开关”。

小丑鱼

因外貌多少有点儿像京剧里的丑角，所以被人们称为“小丑鱼”。又因为它们喜欢和海葵在一起，人们也叫它们“海葵鱼”。

小丑鱼喜欢生活在带有毒刺的海葵丛中。它们的身体表面拥有特殊的黏液，可保护它们不受海葵的影响而安全自在地生活于其间。有了海葵的保护，小丑鱼可以免受其他大鱼的攻击，还可以吃海葵吃剩的食物。对海葵而言，它们可借着小丑鱼的自由进出吸引其他的鱼类靠近，增加捕食的机会；小丑鱼亦可除去海葵的坏死组织及寄生虫，同时小丑鱼的游动可减少残屑沉积在海葵丛中。

肺鱼

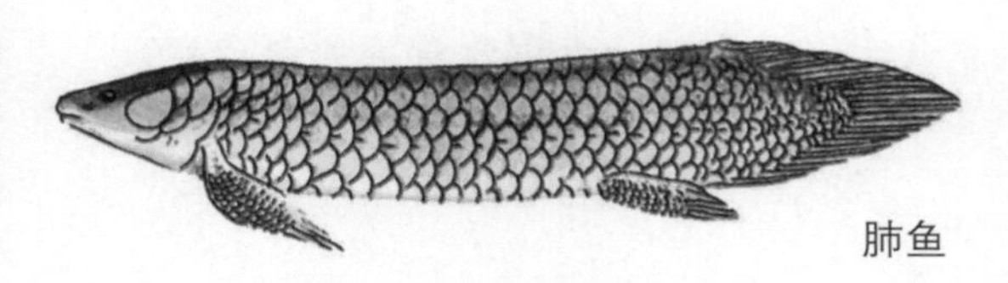
肺鱼

肺鱼能用肺呼吸。在旱季到来前，肺鱼会大量捕食，使皮下长出一层厚厚的脂肪。旱季一到，它们很快地在池塘底部的污泥里挖洞，然后钻进去躲起来，进行“夏眠”。肺鱼个体大小、色泽的差异都很大，有的身上有斑纹，有的则没有，但没有两条肺鱼的斑纹是相同的。肺鱼身体上的斑纹对它们来说，就像指纹一样，可以据此辨识出它们的身份。

盲鳗

盲鳗能吃比自己大得多的鱼。由于它经常在大鱼的腹腔内活动，见不到阳光，双眼已经退化，所以人们叫它“盲鳗”。它的同类还有七鳃鳗，也是能吃大鱼的家伙。

盲鳗吃大鱼

淡水鱼

▶▶ DANSHUIYU

狭义上说，一生只能生活在淡水中的鱼类，称为淡水鱼。广义上说，一生大部分时间生活在淡水中，偶尔生活或栖息于半淡咸水、海水中的鱼类，以及栖息于海水或半淡咸水，也会在淡水中生活，或进入半淡咸水中活动的鱼类，都被称为淡水鱼。世界上已知的淡水鱼约有8000种。

分布

基本上只要有淡水的地方，就有淡水鱼生活，上至温暖宜人的温泉，下至冻人心肺的南北极，都可找到淡水鱼的踪迹。

淡水鱼

淡水鱼的颜色

浅水中的淡水鱼通常背部为青、绿色，腹部为浅白色；深水中的淡水鱼体色较暗沉，常为深红或黑色。

食性

多数的淡水鱼都是植食性或杂食性鱼类，但也有少数的淡水鱼为肉食性鱼类。

淡水鱼

鲤鱼

鲤鱼是亚洲原产的温带性淡水鱼，背鳍的根部长，通常口边有须，但也有的没有须。口腔的深处有咽喉齿，用来磨碎食物。鲤鱼的种类很多，约有2900种。

鲤鱼

金鱼

金鱼的体态轻盈，色彩艳丽，游起来姿态优雅，是著名的观赏鱼类。我国是金鱼的故乡，金鱼的祖先是鲫鱼。把鲫鱼逐步培养驯化成金鱼，经过了一个漫长的过程。金鱼有时会变色，这是受神经系统和内分泌系统控制的。当金鱼受伤、生病或水中缺氧、水质变差时，金鱼的体色就会变暗并且失去光泽；如果用强烈的灯光照射它们，一些金鱼体表还会显现出特别的斑纹。

金鱼

泥鳅

泥鳅除了同其他鱼类一样用鳃呼吸以外，还能用肠子呼吸。当钻入泥中时，泥鳅就暂时把肠子作为呼吸器官，用来代替鳃进行呼吸。

泥鳅

咸水鱼

XIANSHUIYU

咸水鱼又称海水鱼，即生活在海水中的鱼，也可以说是除淡水鱼之外的鱼。咸水鱼是碘的良好来源。

海马

海马的模样十分特别，一般体长 15 厘米 ~ 33 厘米，有一个大大的马脑袋似的头，并且总是高高地仰起。它是整个鱼类中唯一只能立着游泳的鱼。海马吃小型的甲壳动物和其他在水里游动的小型动物。

带鱼

海马

鲅鱼是常见的海鲜

鲨鱼

鲨鱼是海洋的死亡使者，遍布世界各大洋，甚至在冷水海域中也能发现它们的影子。鲨鱼约有 8 目 30 科，350 种。其中有 20 多种肉食性鲨鱼会主动攻击人类。多数鲨鱼体型较大，相比之下，它们的胸鳍和尾鳍就显得较小，在游泳时不得不像蛇一样将身体左右摆动。这种身体构造使它们调转方向的能力很差，它们想要倒退更是不可能。因此它们很容易陷入像刺网这样的障碍中，而且一陷入就难以自救，无法转身回游。鲨鱼从出生后就开始游动，不能随意停止，顶多可以稍做盘旋，否则便会窒息而死。

鲨鱼长有五六排牙齿，看起来十分吓人，但只有最外排的牙齿才真正能起作用，其余的牙齿都是备用的。一旦外层牙齿有脱落，里面最近一排的牙齿就会马上移动到前面来填补空缺。大牙齿还会随着鲨鱼的生长而不断地取代小牙齿。据统计，有的鲨鱼在 10 年内竟要换掉两万余颗牙齿，其换齿的数量和速度都令人惊叹。

哺乳动物

BURU DONGWU

目前地球上已知的动物种类大约有150万种，因为哺乳动物的体内有一条由许多脊椎骨相接而成的脊椎，所以我们说哺乳动物是脊椎动物的一种。

高级动物

哺乳动物具备了许多独有的特征，在进化过程中获得了极大的成功，它是动物发展史上最高级的阶段，也是与人类关系最密切的一个类群。

生育方式

大部分的哺乳动物都是胎生，并用乳腺哺育后代的，也有卵生的哺乳动物，如鸭嘴兽。

身体特征

因为大多数哺乳动物的身体有毛覆盖着，所以它在环境温度发生变化时也能保持体温的相对稳定。哺乳动物的大脑比较发达，通过口腔咀嚼和消化，提高了对能量及营养的摄取。

哺乳动物的四肢一般都强壮灵敏，这就减少了它对外界环境的依赖，也因此扩大了分布范围。

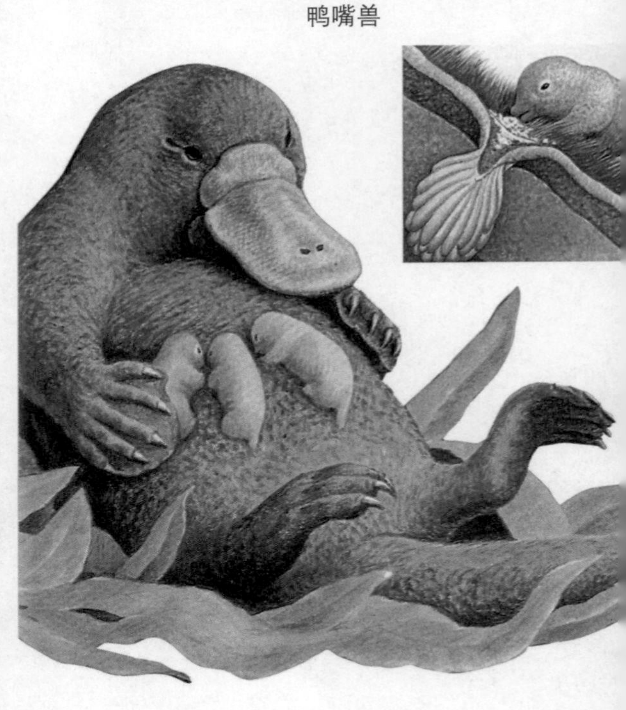
鸭嘴兽

熊猫

针鼹

形形色色的哺乳动物

XINGXINGSESE DE BURU DONGWU

地球的每个角落都生活着形形色色的哺乳动物，但哺乳动物与外界环境的关系是极其错综复杂的。气候、光、温度、湿度等，都是哺乳动物生活和生存的重要限制因素。不同种类的哺乳动物的形态结构、生活习性等方面均表现出了对各种环境的适应性。

最小的海洋哺乳动物——海獭

海獭

海獭体长约 1 米，重 40 多千克，头小，躯干肥大，呈圆筒形，前肢短小，后肢宽厚，呈鳍状。海獭善于游泳与潜水，常采食海胆、贝类等。当采到海胆时，它们往往用两个前肢各抓一个海胆，用力碰撞使其壳碎裂，然后舔吸海胆的内脏。对海贝这类有坚硬外壳的食物，海獭会从海底捡来石块，砸碎它们。

最大的哺乳动物——蓝鲸

蓝鲸又名剃刀鲸，背脊呈浅蓝色，腹部布满褶皱，带有黄斑。最大的蓝鲸体重可达 180 吨。蓝鲸的力气极大，相当于一台中型火车头的拉力。

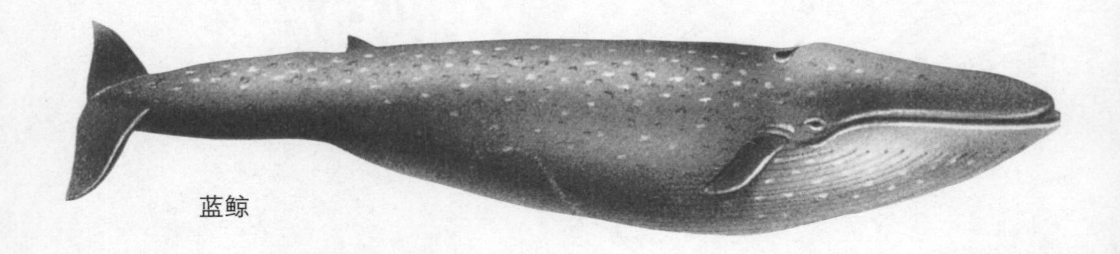
蓝鲸

最大的陆地哺乳动物——象

象是世界上最古老的动物之一，远祖可追溯到数十万年前的长毛象。以母权为主的象群，生活在大草原或林木茂盛的热带雨林之中。现存非洲象、非洲森林象及亚洲象三个种类。非洲象体型较大，亚洲象相对较小。非洲象性格暴躁，有可能攻击其他动物，相比之下，亚洲象脾性较显温和。

象的个头比较大，所需热量极多，而它们的食物又都是植物，所含热量少，于是它们不得不总是补充能量，这也是它们食量大的原因。一头成年象每天的食物重量达 220 千克以上。这个数字真的很惊人，足以证明它们是无与伦比的大胃王。

嘴巴最大的陆生哺乳动物——河马

河马的个儿真不小，肥胖的身体长约 4 米，重 0.9 吨 ~ 1.8 吨，只比非洲象稍轻一些，但它与象比起来，是名副其实的矮子，因为它的四肢又粗又短，不过正是这 4 条小短腿支撑着它庞大的身躯。

河马家族是不折不扣的母系社会， 如果有谁胆敢不听话，统治全家的雌河马就会打个呵欠，露出它那凸起的犬齿与巨大的门牙，告诫不听话的家伙。假使威胁失效，它就会立刻动用武力。

雄河马总是待在河的外围，而把河的中心部位留给了雌河马和河马宝宝。因为中心位置是最安全的地带，雄河马在外围层层围绕可以起到很好的保护作用。

聪明的“金刚”——大猩猩

猩猩具有比其他动物更为发达的大脑。它能用面部表达喜怒哀乐等多种表情，能用四肢表现复杂多样的行为，能把树枝用树藤绑在一起做成床，在床顶用树枝搭起伞状顶棚以避风雨等等。

成熟的雄猩猩要比雌猩猩大很多，随着年龄的增长，它们的“头发”会变成银灰色。它们活动范围很大，主要以树叶、嫩枝、果实为食。

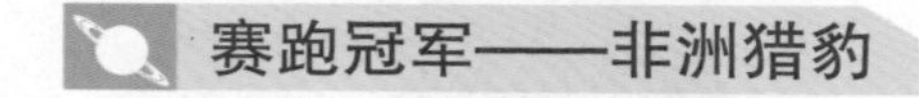

赛跑冠军——非洲猎豹

在非洲草原上，猎豹的奔跑速度一般可达每小时60千米～70千米，最高奔跑时速可达120千米左右。一般的汽车都难以和它相比，更不用说其他动物了。

肉食性哺乳动物

ROUSHIXING BURU DONGWU

哺乳动物中有一类动物主要吃肉类，我们称其为肉食性哺乳动物。肉食性哺乳动物也可以吃腐肉或吸血。在食物链中，肉食性哺乳动物的营养级较高。狮、虎是肉食性哺乳动物的代表，都被称为“动物之王”。

狮子

狮子是唯一的一种雌雄两态的猫科动物，雄性外形漂亮，威风凛凛，奔跑速度快，是地球上力量最强大的猫科动物之一，常群居。野生雄狮平均体长可达2.5米以上，重可达300千克，而母狮仅相当于雄狮的2/3左右大小，体重最多也只有160多千克。雌狮的头部较小，表面布满了短毛，而雄狮头颅硕大，上面长满了极其夸张的长鬃。

虎

虎生来就是出色的杀手。它毛色亮丽，尾如钢鞭，性情凶猛，力气超群，被人们称为“万兽之王”和“森林之王”。从北方寒冷的西伯利亚地区到南亚的热带丛林，都能见到其强壮、威武的身影。

虎

狞猫

狞猫长得很像家猫，但个头却比家猫大。狞猫有一个最显著的特点：黑耳朵又长又尖，并长着耸立的毛。

狞猫

豹

豹广泛分布于非洲和亚洲的广大地区。一般来说，豹各有领域并且独居。豹子的捕食本领很高，它奔跑起来快如闪电，还擅长爬树。

豹

红狐

狐

狐是犬科动物，是著名的中小型猛兽，俗称狐狸，但从分类学上讲，狸是猫科动物。狐以机智多谋著称于世。

植食性哺乳动物

▶▶ ZHISHIXING BURU DONGWU

植食性哺乳动物指的是主要吃植物，而不吃肉类的动物。植食性哺乳动物门齿发达，臼齿更发达，它们的盲肠也比其他食性动物的发达。植食性哺乳动物可以分为食果动物及食叶动物，前者主要吃果实，后者则主要吃叶子。而不少食果及食叶哺乳动物会同时吃植物的其他部分，例如根部和种子。一些植食性哺乳动物的饮食习惯会随季节而改变，尤其是温带地区，在不同时间会有不同的食物。有一部分植食性哺乳动物为单食性，如树袋熊仅食桉树的叶，但绝大多数植食性哺乳动物都是食用几种食物的。

塔尔羊

塔尔羊

塔尔羊是一种十分珍稀的动物，在我国已列为国家一级保护动物，一般栖息于海拔2500米～3000米的喜马拉雅山南坡，从不进入林带以上的地区。塔尔羊的外貌有点儿像山羊，不过公羊颏下没有须，吻部光秃无毛。

斑马

鹿

鹿有很多种类，由于生活地区不同，鹿的体形大小、毛色，鹿角的形状都有很大的差异。鹿是典型的植食性动物，所吃食物包括草、树叶、嫩枝和幼树苗等。

长颈鹿的颈很长，头顶到地面的距离可达4.5米～6.1米。它的嘴唇和舌头也能够伸得很长，这可以弥补它的颈部过长之不足。长颈鹿很少饮水，甚至几星期都可以滴水不进，其身体所需的水分常常是靠咀嚼针叶食物和草等来供应。

白唇鹿

长颈鹿

海洋哺乳动物

HAIYANG BURU DONGWU

哺乳动物中适于在海洋环境中栖息、活动的一类被称为海洋哺乳动物。除此以外，生活在河流和湖泊中的白鳍豚、江豚、贝加尔环斑海豹等，因其发展历史同海洋相关，也被列为海洋哺乳动物。因为海洋哺乳动物生活在海洋中，所以除了具有胎生、哺乳、体温恒定、用肺呼吸等哺乳动物的特点外，还具有独特的水生特征。

海豚

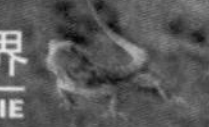

知识小链接

生物分类等级

世界上生物的种类复杂多样，各物种下包含很多分支，各分支又可以划分为很多类，以此类推，真是不可胜数。将生物简单地划分为动物、植物或者鸟兽虫鱼显然是笼统而错误的。

几代生物学家经研究分析，按从大到小的顺序将界、门、纲、目、科、属、种作为生物分类等级的标准。

身体特征

一般来说，海洋哺乳动物的体型都很大，部分生活在南北两极的海洋哺乳动物都有皮下脂肪或毛皮，其主要作用是保持体温，防止体热过多地散失，以适应较寒冷的生存环境。海洋哺乳动物繁殖较慢，哺乳期也较长，这主要是为了保证其后代的成活率。

海豚外部结构

杂食性哺乳动物

ZASHIXING BURU DONGWU

既吃动物也吃植物的摄食习惯，称为杂食性，摄食两种或两种以上性质不同的食物的动物称为杂食性动物。哺乳动物中的很多类别里都有杂食性动物。

杂食性哺乳动物相对来说并没有明显一致的结构特征，严格来说，它不能算作一个动物类别。杂食性哺乳动物最明显的特征就是这些动物能吃的食物种类较多，它们既吃植物，也吃动物。例如，一些生活在南方的熊，就是以素食为主的杂食性哺乳动物，其食物主要是水果、植物根茎等，同时也吃一些腐肉、鱼和小的哺乳动物等。

浣熊

浣熊个儿较小，一般只有 7 千克 ~14 千克重。全身灰、白等色的毛相互混杂在一起。浣熊一般吃果实、软体动物、鱼类等。浣熊特别讲卫生。吃东西前，总是要先把食物在水中清洗一下，这种“清洗食物”的好习惯值得我们学习。浣熊的爪子很厉害，可以捕食淡水中的虾、鱼等水生动物。

浣熊　　棕熊

河狸

河狸身体肥硕，臀部滚圆，身上有细密、光亮的皮毛，是一种非常珍稀的动物。它的皮毛十分珍贵。由于人们疯狂猎杀，野生河狸濒临灭绝。

河狸是啮齿动物，长得很像老鼠。但是它的体形要比老鼠大得多。河狸的五官都很小巧，脖子很短， 但是却长着一个圆滚滚的身体，看起来十分可爱。河狸的前肢短而宽，后肢较为粗大，由于是水陆两栖动物，所以河狸的后肢脚趾之间长着能够划水的蹼。

河狸

山魈

山魈

山魈是一种珍贵、凶猛的大型猴类。它们的牙齿又长又尖，眼睛下面有个鲜红的鼻子，鼻子两边的皮肤有褶皱，蓝中透紫。它们主要吃枝叶、果子与鸟、蛙等，有时也会吃更大的脊椎动物。

鲸目

JING MU

鲸目动物包含大约 80 种生活在海洋和河流中的有胎盘的哺乳动物。

白鲸

脂肪的作用

鲸目动物是完全水栖的哺乳动物，外形看起来和鱼很相似，身体长度一般在 1 米—30 米之间，皮肤裸露，仅吻部有很少的毛，皮下有厚厚的脂肪。这些脂肪有助于保持体温，当它们在水中活动时，这些脂肪能减少身体比重，有利于游泳。

四肢退化

它们没有汗腺和皮脂腺，后肢已经完全退化，前肢像鱼鳍一样，尾末皮肤左右扩展而成水平的尾鳍，部分种类具有背鳍，尾鳍是鲸目动物的游泳器官。

独角鲸

视力差，听力好

鲸目动物一般都视力较差，因为它们的眼睛比较小，没有耳郭，但它们听觉灵敏。有的鲸目动物觅食和避敌依靠回声定位。

鲸鱼脊

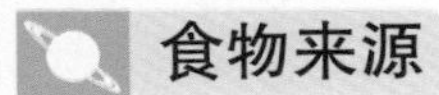

食物来源

一般的鲸目动物都以软体动物、鱼类和浮游动物为食，有的种类也能捕食海豹、海狗等。

灰鲸

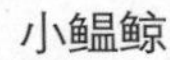

小鳁鲸

齿鲸和须鲸

齿鲸有一个鼻孔，利用尖利的牙齿捕捉猎物，然后吞食。著名的齿鲸有抹香鲸、独角鲸和海豚等。

须鲸有两个外鼻孔，口中没有牙齿，只有像梳子一样的须，所以称为须鲸。须鲸连海水与猎物一起吞食，然后用须过滤海水。须鲸性情较温和，典型的有蓝鲸、座头鲸、灰鲸等。

鳍足目

QIZU MU

鳍足目动物大都是水栖、半水栖的大型肉食性动物，主要种类有海豹、海狮、海狗、海象等。

身体特征

鳍足目动物的身体一般是纺锤形的，体长，有密密的短毛，头圆，脖子短。四肢具有五趾，趾间被肥厚的蹼膜连成鱼鳍状，适于游泳，故称“鳍足目”。

海狗

习性

大多数鳍足目动物一生大部分时间都生活在水中，只在交配、产仔和换毛时期才到陆地或冰块上去。它们也是用肥厚的皮下脂肪保持体温的。鳍足目动物的耳郭很小，有一些甚至根本没有耳郭。但是它们的听觉、视觉和嗅觉都很灵敏。因为它们的鼻子和耳孔里有可以活动的瓣状的膜，这些膜能在潜水时关闭鼻孔和外耳道，因此它们的潜水时间可持续5～20分钟。鳍足目动物的嘴通常较大，多数时候都是不加咀嚼地整吞食物，一般吃鱼类、贝类和一些软体动物。

海豹

海狗

海狗是生活在海洋里的四脚哺乳动物，因其体形像狗又像熊，所以被称为海狗或海熊。其实，海狗与海狮有着亲缘关系，属于海狮科动物。

海狮和海豹

海狮和海豹很相似,但也容易区分。在陆地上,海狮的后肢能够向前翻,从而利用它们前面的鳍摇摇摆摆地走动。然而海豹的后肢太短,在陆地上派不上用场,因此,海豹在陆地上只能弓着身体往前走。另外,海狮有小指头般的外耳,而海豹则没有。

海狮

海象

海象

海象是北极地区的大型海兽。它们无论雌雄都长着一对长长的獠牙,从两边嘴角垂直伸出。海象是出了名的瞌睡大王,一上岸就常常倒下身体酣然入睡。

海牛目

HAINIU MU

海牛目是海洋哺乳动物中特殊的一类，多以海草和其他水生植物为食。它们的大脑不是特别发达，行动缓慢，喜欢群居。

海牛

身体特征

一般海牛目动物的体长在 2.5 米 ~ 4 米之间，体重 360 千克左右，没有后肢，前肢为桨状鳍肢，没有背鳍，但是有宽大扁平的尾鳍。它们的体形多呈纺锤形，看起来有点儿像小鲸，虽没有鲸类的厚鲸脂，但是体内也有许多脂肪，它们靠这些脂肪保持体温。与鲸不同的是，海牛目动物长有短颈，因此它们的头虽然又圆又大，但是却能灵活地转动。

视力不佳，听力好

海牛目动物的眼睛一般都较小，因此视力不佳；但是听觉很好，鼻孔多长在吻部的上方，有膜，潜水时能封住鼻孔；适于在水面呼吸。

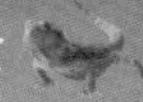

海牛和儒艮

海牛和儒艮是海生植食性哺乳动物，它们的共同特点是可以毫不费力地下沉或停留在水中。海牛外形与儒艮相似，两者不同之处是：海牛的尾巴呈扇形，而儒艮的尾巴是扁平分叉的。

儒艮就是传说中的美人鱼。

儒艮

海牛

爬行动物

PAXING DONGWU

爬行动物是统治陆地时间最长的动物，它们真正摆脱了对水的依赖，成为第一批征服陆地并能适应各种不同的陆地生活环境的脊椎动物。

习性

爬行动物的体温是变化的，它们用肺呼吸，卵生或卵胎生。大多数的爬行动物都皮肤干燥，皮上有鳞或甲，可以增加皮层硬度，但是缺乏皮肤腺。

分布

因为爬行动物摆脱了对水的依赖，因此它们的分布受湿度影响较小，更多的是受温度影响。现存的爬行动物大多数分布于热带、亚热带地区，温带和寒带地区则很少分布，只有少数种类可到达北极圈附近或高山上。

鳄鱼

蛇

独特的运动方式

既然被称为"爬行动物"，当然是要爬着前进喽！通常爬行动物的四肢都会向外侧延伸，它们就以这种姿势慢慢地向前前行，鳄鱼就是这样走路的。有的种类没有四肢，就用腹部着地，匍匐着向前行进，蛇就是如此。

乌龟

无法控制的体温

爬行动物控制体温的能力比较弱，体温会随着外界温度的变化而改变，在寒冷的冬季，它们的体温会降至0℃或0℃以下，如果不冬眠就很容易被冻死；相反，在炎热的夏季，它们的体温又会升高至30℃或30℃以上。还有的种类需要夏眠，否则生命便会受到威胁。独特的身体特点让它们养成了冬眠和夏眠的特殊习惯。

主要类别

爬行动物主要分为鳄类、龟鳖类、鳞龙类。鳄类是一种水陆两栖的爬行动物，鳄鱼是鳄类的统称。龟鳖类是典型的长寿动物，也是现存的最古老的爬行动物，它们身上长有非常坚固的甲壳。鳞龙类是爬行动物中种类最多的一类，通常分为有鳞类和喙头类。蛇、蜥蜴属于有鳞类；喙头类的外形像蜥蜴，但有第三只眼睛——顶眼。喙头类动物已基本灭绝，当今世界唯一存活的该类物种是楔齿蜥。

蜥蜴

形形色色的爬行动物

XINGXINGSESE DE PAXING DONGWU

爬行动物虽然已经不能再回到称霸的时代，许多爬行动物的类群也已经灭绝，但是就种类来说，爬行动物仍然是非常繁盛的一群，其种类仅次于鸟类，排在陆生脊椎动物的第二位。下面就来了解几种。

变色龙

变色龙，学名避役，以捕食昆虫为生。它真皮内有许多特殊的色素细胞，当外界颜色发生变化时，它就迅速调整细胞中的色素分布，使身体的色彩与环境一致。它还可以“一目二视”。

变色龙的体长多为17~25厘米，也有较大者身长可达60厘米。身体两侧都是扁平状，尾巴细长，可卷曲。有些品种的头部有较大的突起，极像戴了头盔。有的头顶长着色彩鲜艳的“角”，就像戴着鲜亮的头饰一样。

变色龙

斑点楔齿蜥

斑点楔齿蜥是恐龙时代出现的唯一生存到今天的喙头类动物，被称为“活化石”。它们生活在新西兰一些小岛上。

斑点楔齿蜥

伞蜥

伞蜥脖子上长有一圈围脖似的褶膜。当遇到敌人时，它会把褶膜完全张开示威恐吓，活像一头鬃毛倒竖的雄狮。如果被对手识破，它就会站起来用两只后脚迅速地逃之夭夭。

伞蜥

科莫多巨蜥

科莫多巨蜥是现存最大的蜥蜴，有三四米长，100 千克左右重。它们的模样狰狞可怕，和早已灭绝的恐龙有着亲缘关系。

科莫多巨蜥

鳄类

E LEI

鳄类是一种水陆两栖的爬行动物。

外形特征

它们看起来很笨重，一般体型较大，身体表面覆有坚硬的、像遁甲一样的皮。头扁平，头部皮肤紧贴头骨，颅骨连接坚固，不能活动；牙齿呈锥形，长在牙槽中，每侧长有 25 枚以上的牙齿。舌头短而平扁，不能外伸。眼睛小而微突。鳄类的吻部都较长，其形状与比例有很大的变化，鼻孔在吻端背面，鳄在水下活动时将鼻孔露于水上呼吸。它们四肢粗短，有爪，趾间有蹼，尾巴粗壮略呈扁形，是游泳与袭击猎物或敌害的武器。

习性

大多数鳄类都分布在热带、亚热带的大河与内地湖泊。鳄类为夜出性食肉动物，大部分时间生活在水中，也能在陆上爬行很长时间。长型鳄能吃人，但次数极少。

鳄鱼

湾鳄

湾鳄是鳄类中唯一能生活在海水中的种类。它广布于东南亚、新几内亚、菲律宾及澳大利亚北部的热带、亚热带地区，栖息在沿海港湾及直通外海的江河湖沼中，所以又称咸水鳄。湾鳄身躯巨大，长 5 ~ 6 米，1 吨多重，并往往能活到 100 岁。

扬子鳄

扬子鳄生活在我国江苏、安徽、浙江、江西等江河流域的沼泽地区，以鱼、虾、蚌、蛙、小鸟及鼠类为食。它还有一种吞食石块的习性，为了寻找石块，它们往往要跑很远很远的路程。扬子鳄十分珍稀，现存数量已很少。

扬子鳄喜欢栖息在湖泊、沼泽的滩地或丘陵山涧中长满乱草的潮湿地带。它们具有高超的打穴本领，头、尾和锐利的趾爪都是它们的打穴工具。俗话说“狡兔三窟”，而扬子鳄的洞穴不止 3 个。

湾鳄

龟鳖类

GUIBIE LEI

龟鳖类是典型的长寿动物，也是现存的最古老的爬行动物。目前龟鳖类被人类大量捕食，有灭绝的危险。

习性

龟鳖类可以在陆上生活，也能在水中生活，不同种类的龟鳖生活习惯和所吃食物各不相同。有一些温带地区的龟鳖类动物在冬季会冬眠，而热带地区的龟鳖类动物在炎热时期则会夏眠。

海龟

身体特征

它们身上长有非常坚固的甲壳，受到袭击或惊吓时，它们会迅速将头颈和四肢缩回壳内。龟鳖类动物的头顶平滑，头两侧长有微突的圆眼，头顶后段覆有多角形细鳞；舌头短阔柔软，黏附在口腔底，不能外伸。它们通常四肢短粗，四肢上面覆盖着角质鳞，每个前肢、后肢的趾各5根，短小而多有爪。海生种类的龟鳖类动物四肢鳍状如桨，指、趾较长，但爪数较少，尾巴短小。

淡水龟

淡水龟体型较小，头部前端光滑，头后散有小鳞，背甲上有 3 条显著的纵棱。它们往往栖息于河川、湖泊、水田等处，例如甲鱼和巴西彩龟。

淡水龟

甲鱼

甲鱼是一种爬行动物，学名鳖，适宜在 17℃ ~ 32℃的水中生活，在水温低于 15℃的秋后进入冬眠，属变温动物，适宜人工养殖。

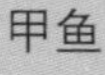
甲鱼

巴西彩龟

巴西彩龟又名红耳水龟、七彩龟、翠龟，是龟类中的优良品种，原产于美洲，具有很高的食疗、药用、观赏价值。

巴西彩龟

两栖动物

LIANGQI DONGWU

两栖动物是从水生过渡到陆生的脊椎动物，它们具有水生脊椎动物与陆生脊椎动物的双重特性。世界上已知的两栖动物有4000余种。

身体特征

两栖动物通常不长鳞片，皮肤裸露，能分泌黏液，有辅助呼吸的作用。它们体温不恒定，身体温度会随环境变化而变化，对潮湿、温暖环境的依赖性强，大部分有可以行走的四肢。

习性

大部分两栖动物都在水中繁殖，幼体也生活在水中，用鳃呼吸，成年后则大多生活在陆地上，一般用肺呼吸。两栖动物大多昼伏夜出，酷热或严寒时以夏蛰或冬眠的方式度过。它们以动物性食物为主，没有防御敌害的能力，鱼、蛇、鸟都是它们的天敌。

美丽的蛙

青蛙成长历程

1. 在受精卵中发育的幼体。

2. 从卵中孵化出来的小蝌蚪。

3. 一段时间之后后腿出现。

4. 正式陆地生活前的最后阶段，不久尾巴会渐渐消失。

形形色色的两栖动物

XINGXINGSESE DE LIANGQI DONGWU

两栖动物由鱼类进化而来。长期的物种进化使两栖动物既能活跃在陆地上，又能游动于水中。与动物界中其他种类相比，地球上现存的两栖动物的种类较少。

蝾螈

蝾螈都有尾巴，四肢不发达，有的一生在水中生活，有的在陆地上生活，但孵化后的幼体都要在水中发育生长。蝾螈的视力很差，靠嗅觉捕食，主要以蝌蚪、蛙和小鱼为食。

斑点蝾螈

美西螈

娃娃鱼

在我国长江、黄河及珠江中上游支流的山川溪流中，生活着现存世界上最大的两栖动物——大鲵，它也是我国特有的珍贵动物。大鲵发出的声音如婴儿哭啼，所以大家习惯地称它为“娃娃鱼”。

娃娃鱼

树蛙

树蛙的指、趾间有膜相连，指、趾端还有吸盘，能牢牢地吸附在树上，所以它能稳稳地把自己固定在大树上的任何部位。

树蛙

蟾蜍

蟾蜍与蛙相比，身体肥胖，四肢短小，背部皮肤厚而且干燥，有疣状突起，看起来疙疙瘩瘩，受惊时会分泌毒液，一般有褐色的花斑。

蟾蜍

箭毒蛙

南美洲的箭毒蛙是世界上最毒的动物之一，它的毒藏在皮肤中，捕食者如果被箭毒蛙刺破皮肤就会死亡。

箭毒蛙

鸟类

NIAO LEI

鸟类是一种全身披有羽毛、体温恒定、适应飞翔生活的卵生脊椎动物。目前世界上已知的鸟的种类有 9000 多种。

身体特征

鸟类具有发达的神经系统和感官，它们的体型大小不一，大多数的鸟类体表都被羽毛覆盖着，身体多呈流线型，前肢演化成翅膀，后肢有鳞状的外皮，足上具有四趾，有飞翔的能力。它们的眼睛长在头的两侧，长有坚硬的角质喙，颈部灵活，骨骼薄且多孔，呈中空状，体内有气囊，可以帮助肺进行双重呼吸。

鸟妈妈给幼鸟喂食

鸟的巢穴

鸟多在繁殖期间建巢穴，不是为了自己住得舒适，而是为了孵卵，让宝宝安全地成长。鸟建巢是一项十分浩大而艰巨的“工程”，要付出艰辛的劳动。据统计，一对灰喜鹊在筑巢的四五天内，共衔取巢材 666 次，其中枯枝 253 次，青叶 154 次，草根 123 次，牛、羊毛 82 次，泥团 54 次。

习性

大多数鸟类都是白天活动，也有少数鸟类在夜间或者黄昏活动，它们的食物多种多样，包括花蜜、种子、昆虫、鱼、腐肉等。

形形色色的鸟

XINGXINGSESE DE NIAO

鸟的种类繁多，分布全球，形态多样，目前世界上已知的鸟的种类有近万种。

猫头鹰

猫头鹰也叫枭，眼睛周围的羽毛呈辐射状，形成所谓的“面盘”，面部像猫，因此被称作猫头鹰。因为它的叫声阴沉可怖，故民间认为其不祥。这是迷信说法，猫头鹰夏季能捕杀上千只田鼠，是益鸟。

猫头鹰

巨嘴鸟

巨嘴鸟体长约 67 厘米，嘴巨大，长 17 ~ 24 厘米，宽 5 ~ 9 厘米，形似刀。它们主要以果实、种子、昆虫、鸟卵和雏鸡等为食，以树洞营巢，主要分布在南美洲热带森林中。

巨嘴鸟

黄腹角雉

黄腹角雉又叫“呆鸡”，被人追赶之时，只会死命奔逃，实在到了无路可逃之时，就把头钻入灌木丛、杂草丛中，把后半身露在外面，以为它们看不到人，人也发现不了它们。

黄腹角雉

军舰鸟

军舰鸟

军舰鸟是一种大型海鸟，虽然能够自己捕食，但它们却更多地采用强抢的方法，在空中劫掠其他鸟类所捕获的食物。军舰鸟因这种强盗行为，而被人称为“飞行海盗”。

蜂鸟

蜂鸟是世界上最小的鸟类，大小和蜜蜂差不多。蜂鸟嘴巴又细又长，像一根管子，能伸到花朵里面去吸取花蜜，飞行时能发出蜜蜂般的“嗡嗡”声，因而被人称为蜂鸟。

蜂鸟

织巢鸟

织巢鸟因使用植物纤维精巧地编织鸟巢而得名。它们以种子为食，用草筑巢。织巢鸟活泼好动，喜欢热闹，常常群居在一起。它们往往会将几十个鸟巢筑造在同一棵树上。

织巢鸟

始祖鸟

▶▶ SHIZUNIAO

始祖鸟是至今发现的最早、最原始的鸟，生活于1.55亿—1.5亿年前。始祖鸟与恐爪龙为姊妹类群，同为近鸟类。目前，世界上发现了约10例始祖鸟的化石，大多在德国境内。

身体特征

始祖鸟体形大小如鸦，有着阔及于末端的翅膀，尾巴很长。始祖鸟的羽毛与现今鸟类羽毛在结构上相似。不过始祖鸟嘴里有细小的牙齿，并且不太会飞行。

始祖鸟

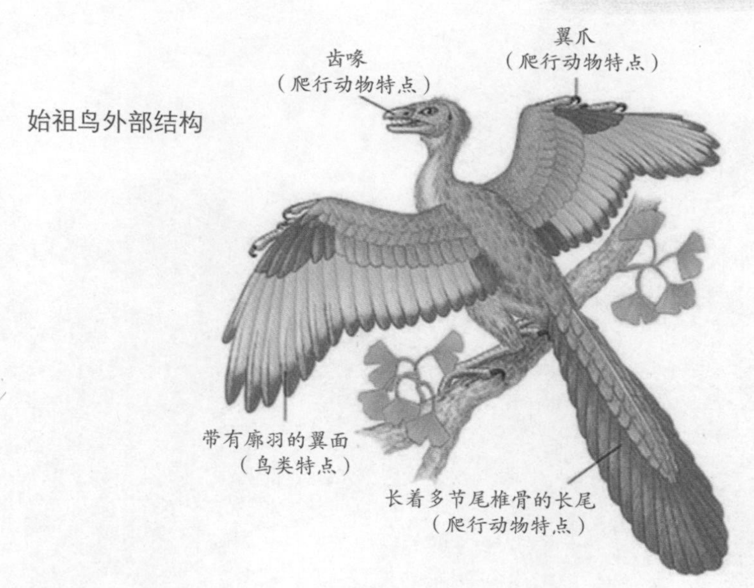

始祖鸟外部结构

知识小链接

翼龙不是鸟

翼龙长着翅膀，会飞翔，似乎比始祖鸟更像鸟的祖先。其实翼龙是恐龙的近亲，科学家大多将其归为远古爬行类动物，而且它很可能是温血动物。

走禽类

ZOUQIN LEI

鸟类中不能飞翔，但却善于行走或快速奔驰的一类，被称为走禽。

身体特征

走禽类的鸟类体内没有龙骨突（不明显或退化），且羽翼中的动翼肌已退化，翅膀短小，大多失去了飞翔的能力。因为不能飞翔，所以它们日常活动就要依靠奔走，经过长久的使用，它们的后肢长而且强壮，发达的后肢让它们善于奔跑。

鸵鸟

鸵鸟

鸵鸟是大家最熟悉的走禽，它的后肢十分粗大，只有两趾，是鸟类中趾数最少者。它后肢强健有力，除用于疾跑外，还可向前踢，用以攻击。它的两翼相当大，但不能用来飞翔。

鸵鸟蛋

鸸鹋

鸸鹋以擅长奔跑而著名，是大洋洲特有的动物，是世界上第二大鸟类，体型仅次于非洲鸵鸟。它们栖息于大洋洲草原和开阔的森林中，吃树叶和野果。

鸸鹋

几维鸟

几维鸟

几维鸟分布于新西兰，大小与人们常见的大公鸡差不多，身材粗短，嘴长而尖，腿部强壮，羽毛细如发丝，胆子很小，多在夜间活动。

游禽类

YOUQIN LEI

游禽是鸟类六大生态类群之一，大多是水栖鸟类。

身体特征

这类鸟一般嘴宽而扁平，边缘有锯齿，适于滤食水里的食物。脚短向后伸，趾间有蹼，身体像一艘平底船，适于在水面浮游。大多数游禽的尾脂腺都可以分泌油脂，将油脂涂抹在羽毛上可以防水。有一些尾脂腺不发达的游禽，如鸬鹚，则需要通过晾晒羽毛来保证飞行。

绿头鸭

习性

游禽喜欢在水中活动，从海洋到河流、湖泊都能见到游禽的身影。它们善于游泳、潜水和在水中捕食，因此常在近水处营巢，靠捕食鱼、虾、贝类等为生，也吃水生植物。大多数游禽都喜欢群居，并且具有迁徙行为，因此会经常成群活动。

雄性绿头鸭外部结构

只有雄性绿头鸭的头才是绿的，雌鸭与家鸭外表差不多，叫声比雄鸭响亮

鸳鸯

鸳鸯属于一种小型鸭。鸳鸯长得十分美丽，尤其是雄鸳鸯。自古以来，因为鸳鸯总是成双成对出现，因而被视为爱情的象征，其实它们并不是从一而终的。

鸳鸯

鹈鹕

天鹅

天鹅是远征能手，也是爱情忠贞的象征。它们实行“终身伴侣制”，夫妻一同活动，如果一方死亡，另一方终生不会再找伴侣。天鹅无论是出外觅食还是休息，都会成双成对地在一起，有时雄天鹅还会替雌天鹅进行孵化工作。

鹈鹕

鹈鹕又叫塘鹅，嘴很大，下颌有个如袋子般的喉囊。鹈鹕嘴里装的东西比它胃里能装的还要多，它嘴里能装上一个星期的食物。

天鹅

攀禽类

PANQIN LEI

攀禽类的鸟脚短健，足有四趾，两趾向前，两趾向后，趾端有尖利的钩爪，适于抓住树皮，攀缘跳跃，尾羽羽轴粗硬而有弹性，可使身体保持平衡。

习性

这类鸟通常都有坚硬的鸟嘴，但不同的攀禽所食食物不同，有的捕食飞行中的昆虫或者是栖身于树木中的昆虫幼虫，还有的取食植物的果实和种子，也有少部分以鱼类为食物。

啄木鸟

生活环境

攀禽主要活动于有树木的平原、山地、丘陵或者悬崖附近。也有少部分活动于水域附近。它们有的在树干上挖掘树洞，或者利用现有的树洞营巢；还有的在土壁、岩壁上挖掘洞穴繁殖。现在有一些攀禽已经被人类作为宠物饲养，如鹦鹉。

啄木鸟

啄木鸟

啄木鸟是著名的森林益鸟，除消灭树木中的害虫以外，其凿木的痕迹可作为森林采伐的指向标，因而啄木鸟被称为“森林医生”。多数啄木鸟以昆虫为食，但有些种类更爱吃水果。它们会用长长的嘴在果实上啄出一个小洞，然后贪婪地吸食果实里面的浆液。还有的啄木鸟会在特定的季节吸食某些树的汁液，我们将这类啄木鸟称为“吸汁啄木鸟”。

鹦鹉

鹦鹉

鹦鹉以其美丽无比的羽毛、善学人语的技能，为人们所欣赏和钟爱。

杜鹃

杜鹃

有些杜鹃总是借窝生蛋，让别的鸟帮忙孵化、养育孩子。小杜鹃在出生后，便将窝里其他幼鸟推到窝下摔死，所以杜鹃名声不太好。其实杜鹃是捕虫能手，它们尤其爱吃松毛虫，是有名的益鸟。

鸣禽类

MINGQIN LEI

那些鸣声悦耳的鸟类是我们通常理解的鸣禽，但有些鸣声较刺耳的鸟类也属于鸣禽，如乌鸦。还有些很少或从不鸣叫的鸟类也是鸣禽。

身体特征

鸣禽是鸟类中进化程度最高的类群，种类繁多，约占世界鸟类数量的 3/5。这类鸟嘴粗短或细长，脚短且细，三趾向前，一趾向后，体型较小，体态轻盈，活动灵巧迅速，善于飞翔，最重要的是发声器官非常发达，因此大多善于鸣叫，巧于筑巢。

害虫杀手

鸣禽的体型大小不等，能够适应多种多样的生态环境，因此分布较广，多数为树栖鸟类，少数为地栖鸟类。大多数鸣禽都是重要的食虫鸟类，在繁殖季节里它们能捕捉大量危害农业生产的害虫。

麻雀

麻雀多活动在有人类居住的地方，极其活泼，胆大易近人，但警惕性却非常高，好奇心较强。麻雀多营巢于人类的房屋处，如屋檐、墙洞，有时会占领家燕的窝巢，在野外，多筑巢于树洞中。

麻雀

金丝雀

从外形上看，雄鸟体型较大，尾较长，头较圆，头顶及全身羽色较深；雌鸟体型较小，尾较短，头较尖细，头顶及全身羽色较浅。另外，金丝雀鸣啭时喉部鼓起，上下波动，声音连续不断。鸣声悠扬动听的是雄鸟，雌鸟则鸣声单调。

金丝雀

翠鸟

翠鸟

翠鸟一般生活在水边，爱吃鱼、虾等，俗称“钓鱼郎”；羽毛翠绿色，头部蓝黑色，嘴长而直，尾巴短。翠鸟是飞翔高手，时速可达 90 千米 / 小时。

黄鹂

黄鹂

黄鹂又叫黄莺，羽毛黄色，局部间有黑色，嘴黄色或红色，叫声犹如流水般婉转动听，主食昆虫，有益于林业。

太阳鸟

太阳鸟

太阳鸟有细长微弯的嘴和管状的长舌，和蜂鸟一样以吸食花蜜为生，但遇到小甲虫和蜘蛛，也不放过开荤的机会，会抓来充饥。它还是带翅膀的“月下老人”，为植物传授花粉。

猛禽类

MENGQIN LEI

猛禽数量较其他类群少，不同的个体体型大小悬殊，它们在食物链中扮演了十分重要的角色。大多数猛禽都是掠食性鸟类。

身体特征

这类鸟体型一般较大，通常雌性大于雄性，眼睛长在头的正前方，又大又亮，视力极强；两耳耳孔大，听觉非常敏锐；喙坚硬而弯曲，呈锐利的钩状；羽翼较大，善于飞行；脚强大有力，趾有坚硬锐利的钩爪；性凶猛，靠捕食其他鸟类和鼠、兔、蛇等，以及食腐肉为生。

隼

习性

绝大多数猛禽领域性很强，多单独活动，一些物种在繁殖季节会成对活动，个别物种在冬季或旱季等觅食困难、环境严酷的季节会结成小群活动。

秃鹫

白头海雕

金雕

金雕是大型猛禽的代表种类，体长为 1 米左右，成鸟的翼展平均超过 2 米，体重 2 ~ 7 千克。金雕性情凶猛，体态雄伟。

金雕外部结构

涉禽类

▶▶ SHEQIN LEI

鹭类、鹤类、鹬类、鹳类等都属于涉禽类。

主要的涉禽类鸟

鹭类是大、中型涉禽，飞行时颈部常常弯曲成“S”形。鹤类大小不等，它们的脚趾间没有蹼或仅有一点儿蹼，后趾的位置比前面三趾要高，飞行时颈部伸直。

鹤类的身姿挺秀，举止优雅大方，鸣声悦耳洪亮。鹬类为中型或小型涉禽，种类繁多，身体大多为沙土色，奔跑迅速，翅膀尖，善于飞翔。亲鸟为保护幼鸟常把一只翅膀拖地行走，诱使敌害追赶而放弃幼鸟。人们常说的“鹬蚌相争，渔翁得利”中的鹬就是指这种鸟。鹳类形似鹤又似鹭，嘴长而直，翼长而尾圆短，飞翔轻快。

白鹭

白鹭

白鹭天生丽质，身体修长而瘦削，它有着细长的腿、脖子和嘴，脚趾也比较细长。

朱鹮

朱鹮

朱鹮长喙、凤冠、赤颊，浑身羽毛白中夹灰、红，颈部披有下垂的长柳叶形羽毛，体长约 80 厘米，平时栖息在高大的乔木上，觅食时才飞到水田、沼泽地和山区溪流处。朱鹮是世界上极珍稀的鸟。

牛背鹭

牛背鹭，别名黄头鹭、放牛郎等，因常歇息在水牛北上啄食寄生虫而得名，它也吃地上的害虫。

牛背鹭

火烈鸟

火烈鸟身上多为洁白泛红的羽毛。这种外形美丽的鸟类能够飞行，但是先得狂奔一阵以获得起飞时所需动力。火烈鸟因羽色鲜艳，一般被作为观赏鸟饲养。

火烈鸟

陆禽类

LUQIN LEI

有一部分鸟类经常在地面上活动，因此被人们称为陆禽。

身体特征

陆禽主要在陆地上活动觅食，大多数体格都很健壮。一般的陆禽翅膀短圆，因此不适于远距离飞行；鸟嘴粗短坚硬，常呈弓形，善啄；腿和脚粗壮而有力，爪呈钩状，因此适于在陆地上奔走及挖土寻食。

习性

陆禽的巢通常比较简单，一般都是用一些草、树叶、羽毛和石块等材料在地面铺筑而成的，大多数陆禽主要以植物的叶子、果实和种子等为食。山雉、孔雀等都属于这一类。

红腹锦鸡

240

白冠长尾雉
孔雀
孔雀开屏

昆虫

KUNCHONG

人们通常将那些身体分为头、胸、腹三部分，长有两对或一对翅膀和三对足，且翅和足都位于胸部，身体一节一节的节肢动物称为昆虫。

身体特征

昆虫属于无脊椎动物，通常头上生有一对触角，体内没有骨骼支撑，外面有壳将其包裹。昆虫有惊人的适应能力，因此分布范围极广，在全球的生态圈中扮演着重要角色。

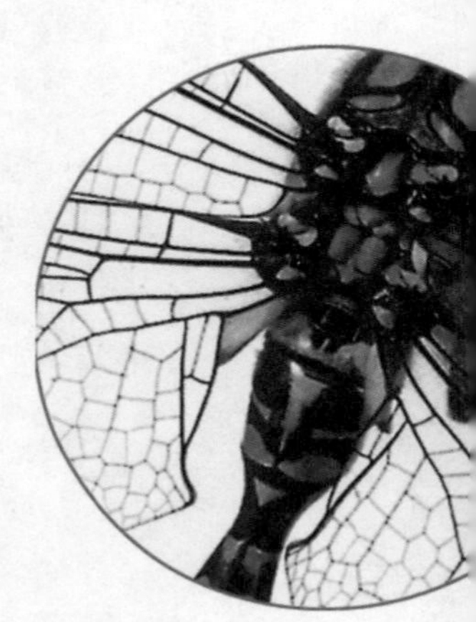

蜻蜓翅膀脉络特写

分类

昆虫的分类很多，主要有直翅目、同翅目、鞘翅目、鳞翅目、双翅目、膜翅目等。

蜻蜓外部结构

翅翼动力

蜻蜓长有强壮的肌肉，能控制住翅翼的底部。飞行时，翅翼看上去就像在不断变动着的“X”形。

蜻蜓

螳螂

蜻蜓

形形色色的昆虫

XINGXINGSESE DE KUNCHONG

昆虫是世界上最繁盛的动物，种类和数量都是生物中最多的。当前人类已知的昆虫已超过70万种，而分类学家们还在不断地发现新种。

最古老的昆虫之一——蟑螂

在距今3.55亿~2.9亿年的石炭纪时期，地球上的昆虫迅速发展。大家熟悉的蟑螂是当时地球上较占优势的一类昆虫。现在地球上已知的蟑螂有约4000种。蟑螂从不挑食，什么纸张、毛发、食物、衣物、木头、绳子、糨糊、皮革、电线……凡是你叫得上名字或叫不上名字的物品都会成为它的食物，它就是这么个无所不吃的家伙。

蟑螂

最短命昆虫——蜉蝣

蜉蝣成虫的寿命最短只有几小时，最长也不过一星期。蜉蝣的幼虫是鱼类的重要饵料，死蜉蝣也可以用来饲养鱼类，或者施在田里当作肥料。

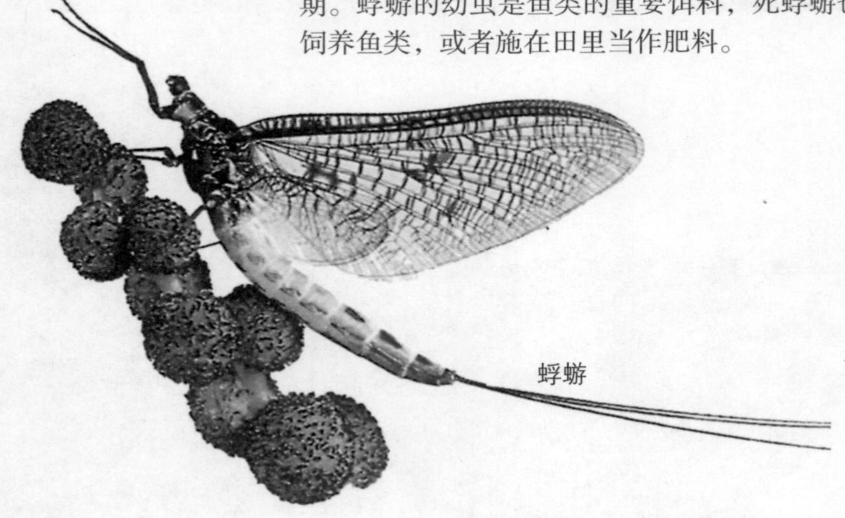

蜉蝣

最长的昆虫——竹节虫

竹节虫一般长度为10厘米—20厘米，最长的超过50厘米。竹节虫会随着周围的环境变色，是隐形高手。

竹节虫是昆虫中的“巨人”，而新加坡竹节虫则是昆虫“巨人”中的“巨人”，它们细长的身体可达27厘米长，如果身体充分舒展开的话，身长可超过40厘米。

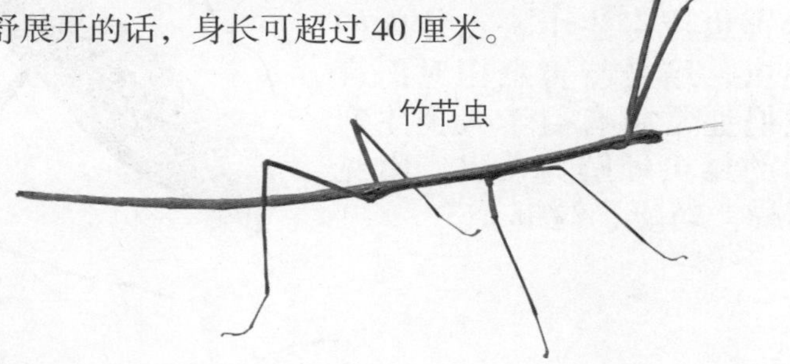
竹节虫

叩头虫

叩头虫是金针虫的成虫，幼虫在地下咬食庄稼的根等；成虫却在地表爬来爬去，觅食腐殖质。如果将它放在木板上，用手指按住其腹部，那它就会叩头。

叩头虫属于鞘翅目叩甲科，身体略扁，细长，披着一件密布短毛的栗色外衣，长着一对圆圆的复眼；属于完全变态昆虫，幼虫期和蛹期生活在地下，成长为成虫后生活在草丛、灌木丛等处。

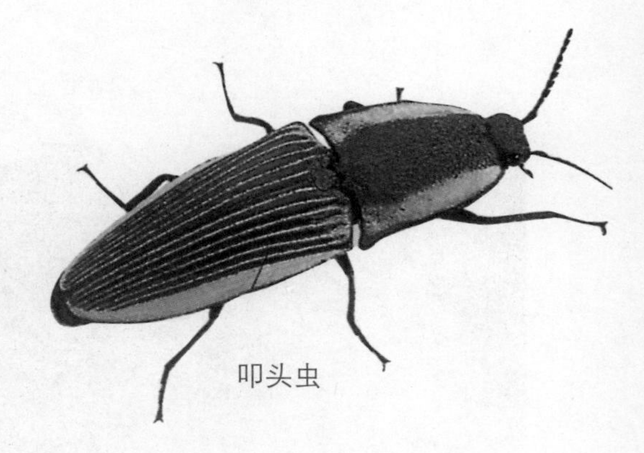
叩头虫

鹿角锹形虫在格斗

角斗士——锹甲虫

一般昆虫的大颚（牙）都是用来咀嚼食物的工具，但锹甲虫的大颚已演化成为抵御外敌和争夺配偶时的格斗武器，失去了取食的功能。

益虫

YICHONG

益虫广义的概念是指一切对人类有益的昆虫，包括资源昆虫，如家蚕。狭义的概念主要指能捕食害虫或寄生于害虫体内的天敌昆虫，这是与害虫相对而言的。我们通常将有益于人类生产和生活的昆虫理解为益虫，常见的有蜜蜂、蜻蜓、螳螂等。

螳螂

蜻蜓

螳螂

蜜蜂

蜜蜂是一种会飞行、对人类有益的昆虫。它们为取得食物不停地工作，白天采蜜，晚上酿蜜，同时替植物完成授粉任务，是农作物授粉的重要媒介。蜜蜂酿造出来的蜂蜜更是对人体有益的滋补品。

蜜蜂

蜻蜓

蜻蜓一般在池塘或河边活动，在飞行过程中会捕食蚊类及其他对人有害的昆虫，因此被人们称为益虫。

蜻蜓是昆虫纲蜻蜓目的小动物，长着大大的复眼、长长的腹部。蜻蜓的复眼鼓鼓的，仿佛高清探测镜头，时刻监视着四面八方的动静，简直是360度无死角！

在蜻蜓几近长方体的胸部两侧，长着两对透明的膜质翅膀，上面有清晰的网状翅脉。蜻蜓的翅膀非常有趣，休息时不像其他昆虫那样背在身后，而是平直伸在身体两侧，让其整个身体看起来好像是个“十”字。

害虫

HAICHONG

我们通常所说的害虫是对人类有害的昆虫的通称。害虫一般可以简单地分为危害人类生产的和危害人类生活的两种。

危害人类生产的害虫在农林业中比较常见。刺吸式口器害虫是农林作物害虫中较大的一个类群，它们吸食枝叶的汁。还有一些栖息在土壤中的地下害虫，取食刚发芽的幼根等。也有一些专门取食植物叶片的害虫，猖獗时能将叶片吃光，并为一些蛀虫的侵入提供适宜条件。除此以外，影响人类生活的蟑螂、苍蝇、蚊子等也可以称为害虫。

白蚁

白蚁是一种群居的动物，它们吃植物、动物尸体，乃至书籍。白蚁的破坏性极大，很多房屋、船只等木质物都被它们啃噬得千疮百孔、不堪一击。它们用数天的时间就可以将一棵大树残害致“死”。

非洲白蚁蚁丘

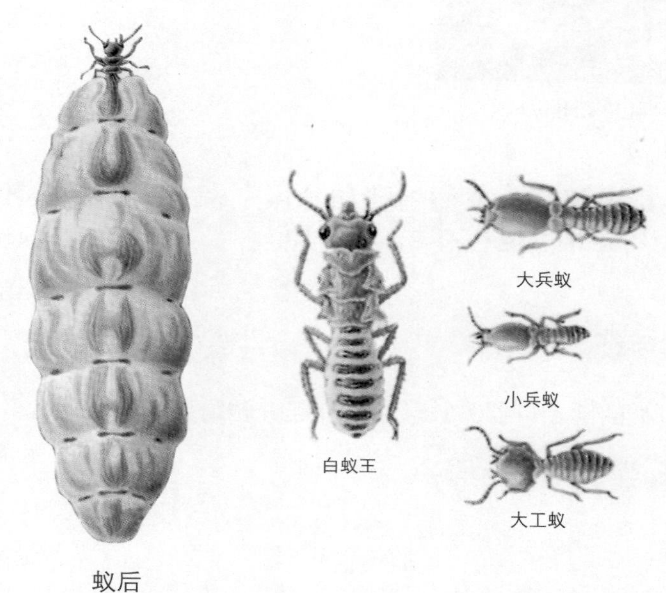

苍蝇

苍蝇的体表多毛，足部能分泌黏液，喜欢在人或畜的排泄物、呕吐物及尸体等处觅食，极易传播各种疾病，危害人类健康。

鳞翅目

LINCHI MU

鳞翅目昆虫因其成虫的翅膀和身体上密布鳞片而得名，是昆虫纲中第二大类群，现在有 20 余万种。

身体特征

鳞翅目类的昆虫口器为长形且能卷起，触角变化多、形状多。幼虫一般称为“毛虫”。

蝴蝶

蝴蝶是一类日间活动的鳞翅目昆虫，种类多，翅膀色彩缤纷，深受人们喜爱。

美丽的蝴蝶有多样的自卫行为。有的蝴蝶被捉时会释放出恶臭，使敌人不得不马上远离；有的蝴蝶受惊时竟能摆出酷似眼镜蛇攻击前的姿势来恐吓敌人。

除了隐藏和伪装作用之外，蝴蝶翅膀上的图案还能起到恐吓的作用。比如有一种叫作“猫头鹰蝶”的蝴蝶，它的翅膀上有巨大的眼状斑纹，它的功能是显而易见的——模仿瞪大眼睛的猫头鹰的脸来恐吓附近的掠食者。

蝴蝶

蝴蝶

蛾类

蛾类是鳞翅目中最大的类群，它们的外观变化很多，大多数蛾类夜间活动，体色黯淡；也有一些白天活动、色彩鲜艳的种类。不过，蛾类触角没有棒状的触角末端，大多数蛾类的前后翅是依靠一些特殊连接结构来达到飞行目的的。

“飞蛾扑火，自取灭亡”，在夏天的夜晚，我们常常看到飞蛾扇动着翅膀，快速移动着小小的身体，毫不犹豫地扑向那明亮又灼热的火光。它们的无所畏惧其实只是出于趋光的本能。

> 知识小链接
>
> **蝶翅与蛾翅的区别**
>
> 有一个区别蛾和蝴蝶的办法，就是看看它们是怎么收拢翅膀的。在休息的时候，大多数飞蛾的翅膀收拢后贴在背上，但是蝴蝶的翅膀收拢后却笔直地竖着。

大乌桕蚕蛾

鞘翅目

QIAOCHI MU

鞘翅目类的昆虫就是我们常说的甲虫，是昆虫纲中的最大类群，现在已知的种类约有35万种。它们的前翅呈角质化，坚硬，无明显翅脉，称为“鞘翅”，它们也因此而得名。

身体特征

鞘翅目昆虫一般都躯体坚硬，这种坚硬的躯体主要起到保护内脏器官的作用。不同的鞘翅目昆虫的体型大小不同，它们鞘质的前翅在静止时覆盖于身体背面。

瓢虫是常见的鞘翅目昆虫

食性

它们的口器呈咀嚼式，食性分化复杂，有植食性、腐食性、尸食性、粪食性等。

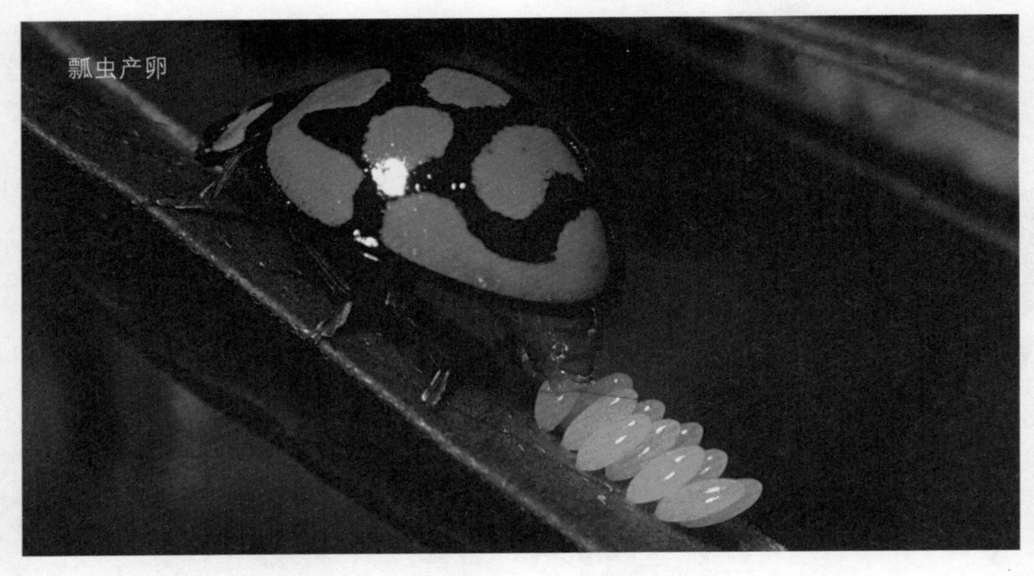

瓢虫产卵

金龟子

金龟子拥有美丽的外表，却是有名的害虫。它们每隔数年就会来一次大范围繁殖，幼虫以植物的根系、幼苗或是块茎为食，破坏植物的生长。

金龟子

天牛

天牛被人们称为“锯树郎”，因为它们有时会发出一种“咔嚓、咔嚓”类似锯木头的响声。其实是因为它们的中胸背板上有一个发音器，每当中胸背板与前胸背板相互摩擦之时，发音器就会振动发出这种奇怪的声音来。

普通天牛

长达 15 厘米的泰坦大天牛

同翅目

TONGCHI MU

有些昆虫的前后翅为膜质，透明，形状、质地相同，此类昆虫被称为同翅目昆虫。

身体特征

同翅目昆虫是昆虫纲中较大的一个类群，它们的体型大小不一，一般都是刺吸式口器。口器多数都分3节，外形看起来很像鸟嘴，这种口器有利于它们刺破食物。它们的嘴和头部之间有折环，不用时可以放在身体下方。大多数同翅目昆虫的触角都较短。有少部分的同翅目昆虫没有翅膀，有翅膀的同翅目昆虫叠放翅膀的方式也各不相同。

习性

目前世界上已知的同翅目昆虫有4.5万多种，它们大多以植物汁液为食，其中许多种类会传播植物病毒，是常见的农业害虫。还有一部分同翅目昆虫具有攻击性，它们靠吸食其他动物的体液或血液为生。蚜虫、蝉是较常见的同翅目昆虫。

瓢虫吃蚜虫

蚜虫

蚜虫，又称腻虫、蜜虫，是植食性昆虫。目前已经发现的蚜虫总共有 10 个科，约 4400 种，其中多数属于蚜科。蚜虫也是地球上最具破坏性的害虫之一，其中大约有 250 种是对农林业和园艺业危害严重的害虫。

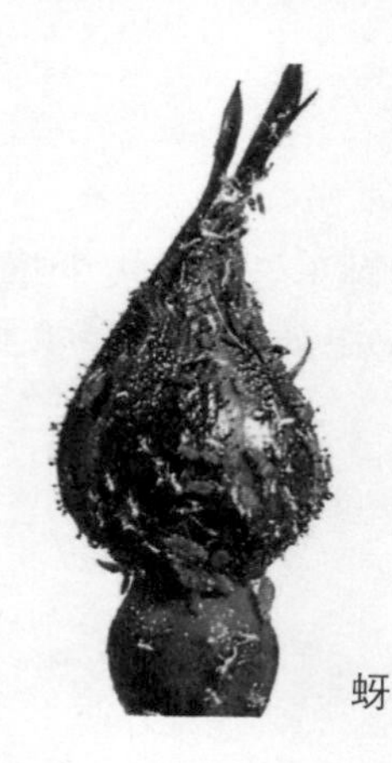
蚜虫

蚜虫

蝉

蝉，又称“知了”，其种类较多。雄蝉的腹部有一个发声器，能连续不断地发出响亮的声音，雌蝉不能发出声音。

蝉

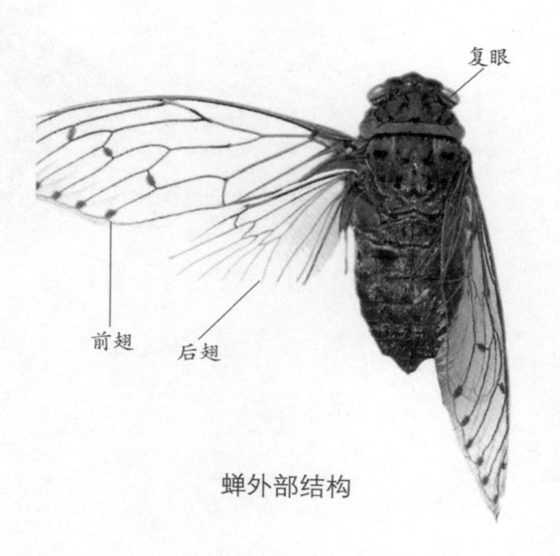

蝉外部结构

双翅目

SHUANGCHI MU

双翅目昆虫极善飞翔，是昆虫中飞行技巧最好的类群之一，通常包括蚊、虻、蝇等。

身体特征

双翅目昆虫的躯体一般都短宽或纤细，呈圆筒形或球形，体长极少超过 25 毫米。它们头部活动自如，中胸发达，前、后胸退化，复眼大，触角形状不一，口器为刺吸式或舐吸式。

习性

它们在水里和陆地上都能生存，大多数都是白天活动，少部分到黄昏或者夜晚才出来活动。

不同的双翅目昆虫，其食物也不同，有的吸食花蜜、树液等，有的捕食昆虫或其他小动物，有的以吸血为生，还有一些寄生在其他生物体上。

苍蝇

蚊子

蚊子是臭名昭著的害虫之一，它们的繁殖能力很强。雌蚊子把卵产在水中。蚊子幼虫叫孑孓，它在水中经过4次蜕皮后变成蛹，这种蛹继续在水中生活两三天后就变为蚊子了。蚊子一年可以繁殖七八代。

全世界的蚊子大约有几千种，比较常见的可分为3类：一类叫伊蚊，身上有黑白斑纹，因而俗称“花蚊子”；另一类叫按蚊，停息时腹部向上抬起；第三类叫库蚊，常在室内或住宅附近活动。

蚊子有雌雄之分，一般情况下，它们都喜欢吸食花蜜或植物的汁液。繁殖时期，雌蚊必须吸食血液来促进卵的成熟，进而繁殖出下一代。所以说，叮人的是雌蚊，而不是雄蚊。

蚊子和它的幼虫

蚊子的平衡棒

知识小链接

蚊子

科学家们发现，蚊子爱听“1”（读音“哆”）的音节，厌恶“4”（读音“发”）的音节，于是人们便利用蚊子这一有趣的特性，制造了许多型号的扬声触杀器，引诱蚊子，聚而歼之。

直翅目

ZHICHI MU

目前已知的直翅目昆虫大约有 1 万种，其中大多数都以植物为食，对农作物有害，是常见的害虫。很多直翅目昆虫由于鸣叫或争斗的习性，成为传统的观赏昆虫，比如蟋蟀。

身体特征

直翅目昆虫多数都是大、中体型，口器为咀嚼式，上颚发达，强大而坚硬。有一节一节的长长的触角，多数种类的触角都是丝状，有的昆虫的触角比身体长。复眼大而且向外突出，单眼一般 2 ~ 3 个，少数种类没有单眼。前翅狭长，稍硬化，停息时覆盖在背上，后翅膜质，比较薄，停息时呈折扇放于前翅下。多数种类后足比较发达，擅长跳跃。

蟋蟀外部结构

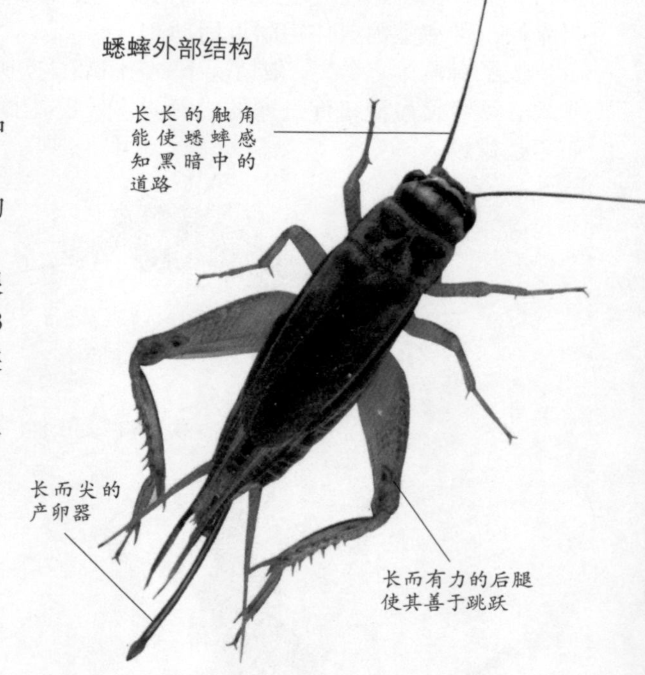

蝗虫

蝗虫是常见的直翅目害虫，它们以植物为食，出现时数量极多，在严重干旱时可能会大量爆发，引发“蝗灾”。

蝗虫大多数以啃食植物叶片为生，最喜欢吃禾本科植物，是著名的农业害虫。也有一些家族成员觉得光吃植物太没营养，所以它们也吃其他昆虫的尸体，饿极了，连同类也不放过。

古今中外，蝗虫泛滥成灾的事例真是太多了。1957 年，非洲索马里曾爆发了一次声势浩大的蝗灾，为害的蝗虫达 160 多亿只，总重 5 万吨。现在，国际上每年都要拨巨款来消灭蝗虫，主要的手段有火攻、飞机洒药、细菌病毒攻击等。

蝗虫外部结构

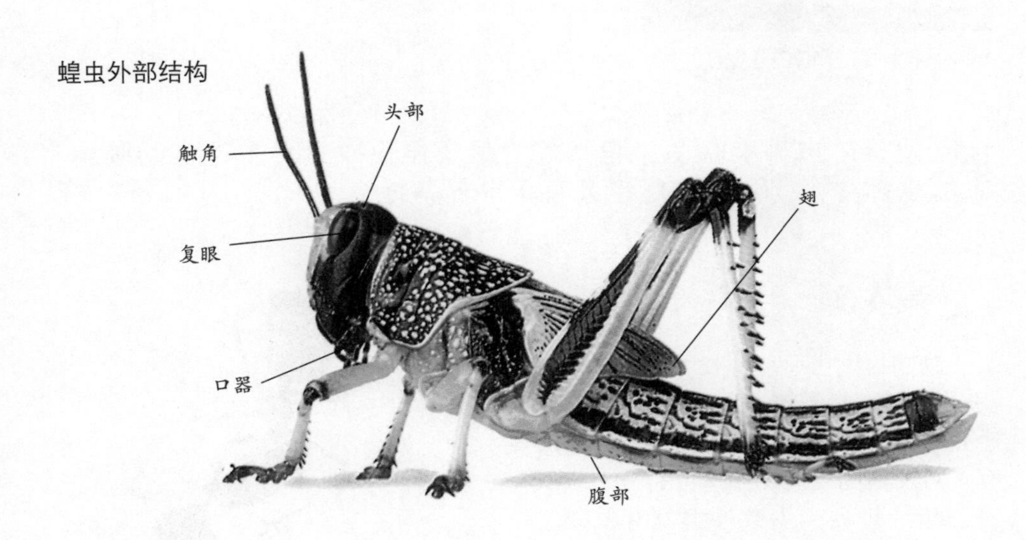

蝗虫

螽斯

膜翅目

MOCHI MU

膜翅目昆虫种类众多，包括蜂、蚁类昆虫。世界上已知的膜翅目昆虫超过 12 万种，广泛分布于世界各地。

身体特征

膜翅目昆虫一般体长 0.25 ~ 7 厘米，头部明显，脖子细小，头可自由转动。触角有丝状、棒状和扇状等，头部两侧有 1 对发达的复眼，额上方有 3 个单眼，呈三角形排列。少数种类没有单眼。口器多为咀嚼式，前胸一般较小。多数种类都具有两对正常的翅膀，一般前翅比后翅大，胸上长有 3 对看起来相同的胸足，腹部呈节状。

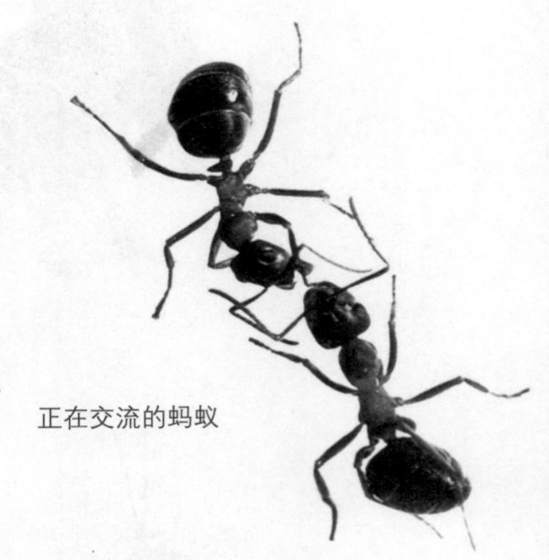

正在交流的蚂蚁

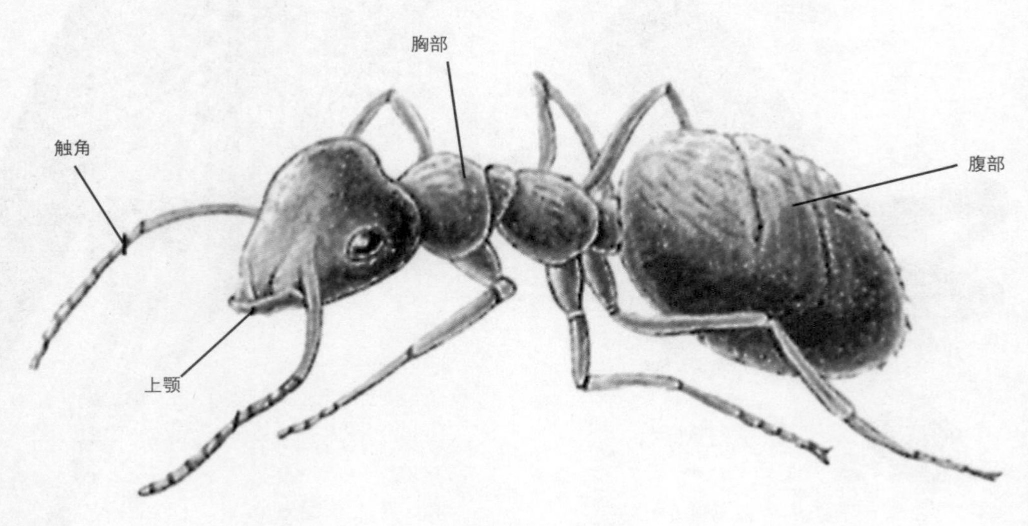

蚁类外部结构

习性

膜翅目昆虫多为植食性或寄生性，也有肉食性的，如胡蜂的幼虫等。部分种类群居，是昆虫中进化程度最高的类群。

木蚁

马蜂

蜂后 每只蜂巢只有一个蜂后，蜂后和雄蜂交配，然后产卵

雄蜂 春末和夏季产生，与蜂后交配，秋末完成使命就死去

工蜂 负责采集花蜜，酿造蜂蜜，照顾幼虫

蜘蛛目

ZHIZHU MU

蜘蛛目都属于节肢动物一类。全世界的蜘蛛已知的约有3.5万种，中国记载的约有1000种。

身体特征

蜘蛛目动物身体长短不等，分头胸部和腹部，头胸部背面有背甲，背甲的前端通常有8个单眼，排成2～4行，腹部多为圆形或卵圆形，但有的有各种突起，形状奇特。腹部纺绩器由附肢演变而来，少数原始的种类有8个纺绩器，位置稍靠前；大多数种类有6个纺绩器，位于体后端肛门的附近。纺绩器上有许多纺管，内连各种丝腺，蜘蛛织网用的丝就是从这里来的。

别看蜘蛛丝细得和头发差不多，但它可是世界上最坚韧的东西之一。据科学家研究试验，一束由蜘蛛丝组成的绳子，比同样粗细的钢筋还要坚韧有力，它能够承受的重量，大大超过同样粗细的钢筋所能承受的重量。对上述蛛丝材料进一步加工后，可用其制造轻型防弹背心、降落伞、武器装备防护材料、车轮外胎、整形手术用具和高强度渔网等产品。

蜘蛛

如果蜘蛛刚刚吃饱，那它们会把猎物用细丝包好，留着以后食用。

蜘蛛

蜘蛛对人类有益又有害。很多蜘蛛都有剧毒，比如“黑寡妇”，人一旦被伤到，轻者住院数日，重者会丧命。总的来看，蜘蛛对人们的益处更大些，我们常见的蜘蛛捕食的都是害虫。

蜘蛛

6 第六章 植物王国

植物是生物大家族的重要成员，也是人类的好朋友。植物能利用太阳光能，以水和二氧化碳为原料，合成碳水化合物，如淀粉、果糖等，并能释放出大量的氧气，这些物质是人和动物赖以生存的基础。除此之外，植物还具有美化环境、调节温度、降低风速、减少噪声和防止水土流失等作用。

菌类

JUN LEI

菌类是个庞大的家族，它们无处不在。现在，已知的菌类大约有10多万种。

蘑菇多呈伞状，常在腐烂的枝叶、草地上生长，颜色、形态各异，是一类大型高等真菌，有的可食用，有的带剧毒。

菌类的特征

菌类结构简单，不能自制养料，必须从其他生物或生物遗体、生物排泄物中摄取养分。

马勃幼时内外呈纯白色，成熟后自动爆裂，冒出的烟雾会使人鼻涕、眼泪一起流，因此号称"天然催泪弹"。

环境"清洁工"

自然界中每天都有数不清的生物在死亡，有无数的枯枝落叶和大量的动物排泄物等等。菌类最大的本领就是把已死亡的复杂有机体分解为简单的有机分子，在这个清除大自然"垃圾"的过程中会产生二氧化碳、水和多种无机盐，这些可重新为植物所利用，从而保持自然界的物质循环。

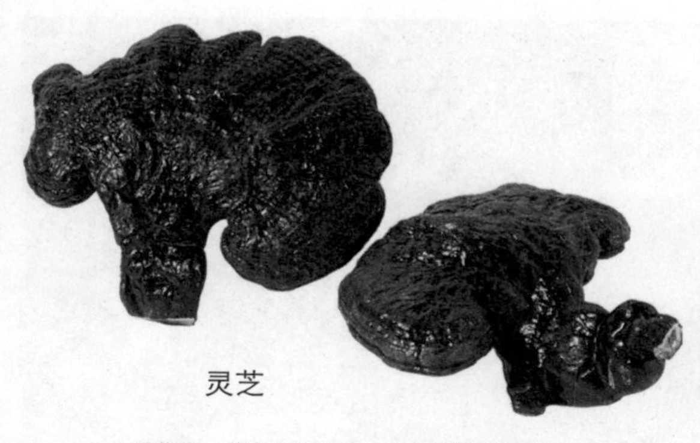

灵芝

灵芝是一种腐生的真菌，大多生长在阔叶林的树桩和朽木上，寿命一般为 1 ~ 2 年，极少有能活多年的。灵芝可以入药。

金针菇

真菌和人类的关系

真菌和我们的生活关系非常密切，许多菌类可供食用，我们吃的蘑菇、银耳、木耳等都是真菌。气候潮湿时，衣物、家具会长“白毛”，仓库里的粮食、水果、蔬菜会腐烂变质，这都是由真菌造成的。有些真菌在医药和食品工业中有很高的价值。

蘑菇

马勃

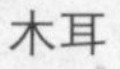

木耳

木耳是一种腐生性真菌，样子仿佛人的耳朵一般，作为食品已有上千年的历史。

猴头菌

猴头菌是一种著名的美味食用菌，其子实体有点儿像猴子的头。野生猴头菌多生于柞树、胡桃的腐木或立木的受伤处。

藻类

ZAO LEI

藻类是低等植物的一个大类，大约有2.5万种。它们的个体大小悬殊，小的只有几微米，必须在显微镜下才能看到；体形较大的肉眼可见，体长可达60米。

氧气制造者

藻类细胞中有叶绿素，能进行光合作用，自制养分。海洋藻类是海洋食物链的初级物质，藻类光合作用产生的氧气是大气和海洋中氧气的重要来源之一。

海洋藻类

强大的生存能力

藻类的分布范围极广，对环境条件要求不高，适应性较强，在极低的营养浓度、极微弱的光照强度和相当低的温度下也能存活。藻类不仅能生长在江河、溪流、湖泊和海洋，而且能生长在短暂积水或潮湿的地方。从热带到两极，从积雪的高山到温热的泉水，从潮湿的地面到不是很深的土壤内，几乎到处都有藻类分布，甚至在潮湿的树皮、叶片、地表及房顶、墙壁上也有它们的踪迹。

藻类

藻类的作用

有些藻类植物可以直接供人们食用，例如海带、紫菜、石花菜等；有些是重要的工业原料，从中可以提取藻胶等物质。可以预料，藻类在解决人类目前普遍存在的粮食缺乏、能源危机和环境污染等问题中，将发挥重要作用。

水藻

硅藻

硅藻的名字来源于它们的细胞壁含有大量的结晶硅。硅藻的形体犹如盒子，由一大一小的两个半片硅质壳套在一起。在显微镜下，壳的表面纹饰像一个巧夺天工的万花筒世界，十分美丽多姿。

硅藻有 1 万余种，分布广泛，是海河湖泊中浮游植物的重要成员，它们对渔业及海洋养殖业的发展起了至关重要的作用。由大量硅藻遗骸沉积海底形成的硅藻土在工业上有很大用途，而化石硅藻在石油的形成和富集上做出了重要贡献。

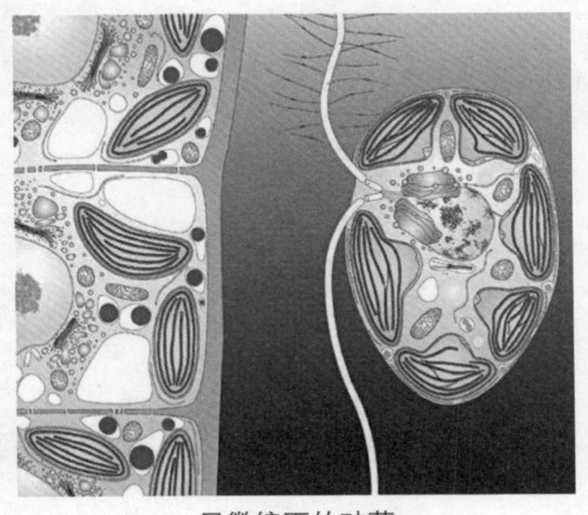
显微镜下的硅藻

美丽的硅藻

苔藓

TAIXIAN

苔藓是一种小型的绿色植物，凭借自己柔弱、矮小的身躯，第一个从水中到达陆地上。全世界约有 23000 种苔藓植物。

形态特征

苔藓一般仅几厘米高，大的可达 30 厘米或更高些。苔藓大多有茎和叶，少量为叶状体。它们没有真正的根，只有由单细胞或多细胞构成的假根，起吸水和附着的作用。

生长习性

苔藓不适宜在阴暗处生长，它需要一定的散射光线或半阴环境，最主要的是它喜欢潮湿环境，特别不耐干旱及干燥。所以，它们大量生长在阴湿的石面、表土和树皮上，以及墙头、屋顶和院落中。

苔藓

分布情况

苔藓植物分布范围极广，可以生存在热带、温带及寒冷的地区（如南极洲和格陵兰岛）。终年寒冷，地表只生长苔藓、地衣等的地区被称为苔原。

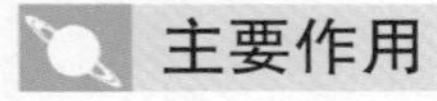

主要作用

苔藓能大量聚积水分，分泌酸性物质，从而加速对岩石面的腐蚀和生土熟化过程，为其他高等植物生长创造适宜的土壤环境。

苔原

苔藓

苔藓

蕨类

▶▶ JUE LEI

蕨类是比苔藓植物高一级的植物，它是历史最为悠久、最早的陆生植物，靠孢子繁衍后代。早期蕨类植物高达 20 ~ 30 米。

形态特征

蕨类植物的根通常为须根状；茎大多为根状茎，匍匐生长或横走，少数直立；叶多从根状茎上长出，幼时大多呈蜷曲状。

蕨类

分布范围

蕨类植物多生长在山野树林中，亦有生长在高海拔的山区、干燥的沙漠岩地、水里或原野等的物种，它们的生命力极为顽强，遍布于全世界温带和热带地区。

蕨类

蕨类王国

蕨类的叶子

蕨类在所有植物中是一个比较大的家族，它们曾在历史上盛极一时。古生代后期、石炭纪和二叠纪为蕨类植物时代，当时那些大型的树蕨，如鳞木、封印木、芦木等，是构成化石植物和煤层的一个重要组成部分，今已绝迹。

现存的蕨类植物约有 12000 种，中国约有 2600 种，所以中国有“蕨类王国”之称。

蕨类植物的用途

蕨类植物用途很广。很多种类可供食用，嫩芽可做蔬菜，如蕨菜，清香可口，有“山珍之王”的美誉。许多蕨类的根状茎含有大量淀粉，可酿酒或制糖。

蕨类

蕨类

地衣

DIYI

在海拔几百米到数千米的高山岩石上，常常点缀着黄绿色、灰色、橘红色、褐色和黄色的斑块，这就是地衣。目前人们已知的地衣约有 26000 种。

分布范围

随着海拔高度的增加，气温变得更低，地衣的色彩变得更鲜艳。在森林里，地衣常和苔藓植物生长在一起，附着在树皮或枯枝上。地衣在地球上分布得很广，从沙漠到山地森林，从潮湿的土壤到干燥的岩石，都能寻觅到它们的踪迹。

植物拓荒者

地衣在土壤形成过程中有一定作用。生长在岩石表面的地衣所分泌的多种地衣酸可腐蚀岩面，使岩石表面逐渐龟裂和破碎，加之自然的风化作用，岩石表面逐渐形成了土壤层，为其他高等植物的生长创造了条件。因此，地衣常被称为“植物拓荒者”或“先锋植物”。

地衣

菌藻共生

地衣是一种真菌与藻类的共生联合体，但并不是所有的真菌、藻类都能拼凑组合。藻类利用光合作用制造营养，真菌吸收水分和营养，构成既稳定又互惠的联合体。

> 知识小链接
>
> **共生现象**
>
> 共生又叫互利共生，是两种生物彼此互利地生存在一起，缺此失彼都不能延续生存的一类种间关系，是生物之间相互关系的高度发展。生物界共生现象很多，如海葵和小丑鱼共生。

地衣的体态

地衣的体态很有趣：有的衣体与着生基层紧紧相贴，很难剥离，这类地衣被称为壳状地衣。有的衣体呈叶片状，被称为叶状地衣。这种衣体易从着生的基物剥离，如石耳和梅衣。梅衣叶状体边缘有许多分叉的裂片，附贴在地上，像一朵朵盛开的梅花。有的衣体呈树枝状，被称为枝状地衣，松萝属这一类地衣。

树上的地衣

地衣

地衣

种子植物

ZHONGZI ZHIWU

人们通常把由种子发育成的，并且能够开花结出种子的绿色植物叫种子植物。

分类

种子植物是植物界最高等的类群。地球上现存的种子植物大概有 20 万种，现有的种子植物分为被子植物和裸子植物两大类。

被子植物

种子被包裹在果皮中的种子植物就是被子植物。被子植物具有根、茎、叶、果实、种子的分化，适应性极强，在高山、沙漠、盐碱地，以及水里都能生长，是植物界中最大的类群。绝大多数的被子植物都能够进行光合作用，制造有机物。

芋头

葡萄

裸子植物

有一些种子植物的胚珠没有被包裹，不形成果实，种子是裸露的，因此被称为裸子植物。可以简单理解为，种子外面没有果皮保护的种子植物就是裸子植物。裸子植物是原始的种子植物，属于种子植物中较低级的一类。裸子植物很多为重要林木，尤其在北半球，大的森林中 80%以上是裸子植物，常见的裸子植物有松树、杉树、铁树等。

中国裸子植物的种类约占全世界的 1/3，所以中国素有“裸子植物故乡”的美称。

种子植物的器官

根、茎、叶、花、果实、种子被称为种子植物的6大器官。

根通常位于地表下面，负责吸收土壤里面的水分及溶解在水中的离子，有的还能贮藏养料。

茎属于植物体的中轴部分。上面生长叶、花和果实，具有输导和贮存营养物质及水分的功能。

叶是由茎顶端进一步生长和分化形成的，一般由叶片、叶柄和托叶3个部分组成，是植物进行光合作用的主要组织。

花是被子植物的生殖器官，主要由花托、花萼、花瓣、花蕊几个部分组成。

果实是被子植物的花经传粉、受精后形成的具有果皮及种子的器官。

种子一般由种皮、胚和胚乳3个部分组成，在一定条件下能萌发成新的植物体。

叶子的形态

土豆

土豆的茎呈块状，里边储藏着大量的淀粉，因此这种茎又称储藏茎。

小麦根系

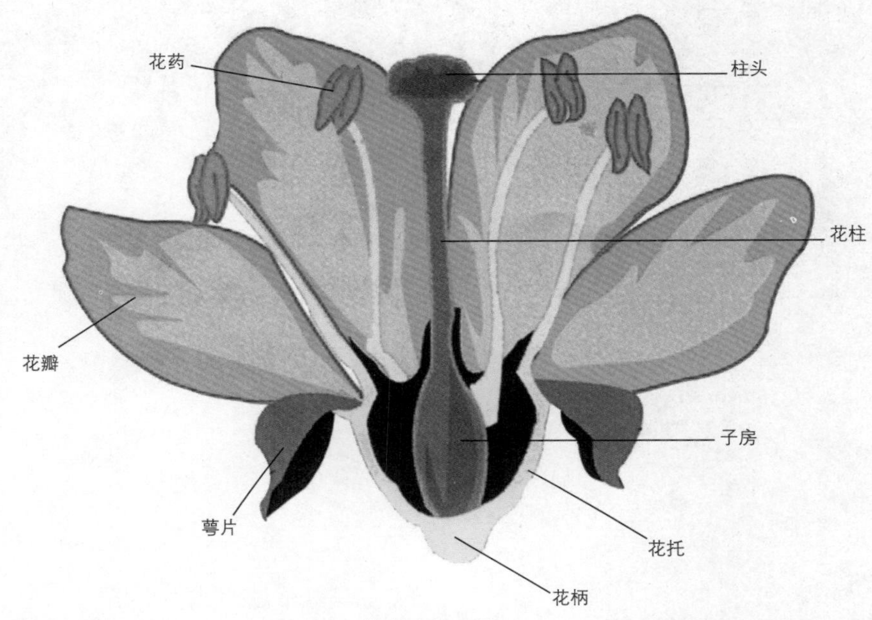

花的剖面图

草莓果实

知识小链接

最大的种子

世界上最大的植物种子是复椰子树的种子。复椰子树高可达30米，生长到30年左右才会开花结果，结出的种子重可达15千克。如果把种子种下去，要过约3年才发芽。

种子植物

树木

SHUMU

树木是木本植物的通称，一般由树根、树干、树枝、树叶4部分组成。根据寿命长短、分枝方式和外部形态，树木可分为乔木、灌木和半灌木。

树木

人类最好的朋友

树木是人类最好的朋友，能吸收二氧化碳，释放氧气，因此有“氧气制造厂”的美称。有些树木的表皮上长有绒毛或者能够分泌出油脂，可以吸附空气中的粉尘，有效降低空气中的含尘量，提高空气质量。许多树木在生长过程中会分泌出杀菌素，杀死由粉尘等带来的各种病原菌。除此之外，树木还可以调节气候、净化空气、防风降噪和防止水土流失、山体滑坡等自然灾害，享有“天然水库”和“天然空调器”的美称。

知识小链接

年轮

在被砍伐的树木的树桩上，我们会看到一圈圈深浅交替的同心环，这些环既记录了树木的年龄，也反映了每年的天气情况，被人们叫作年轮。

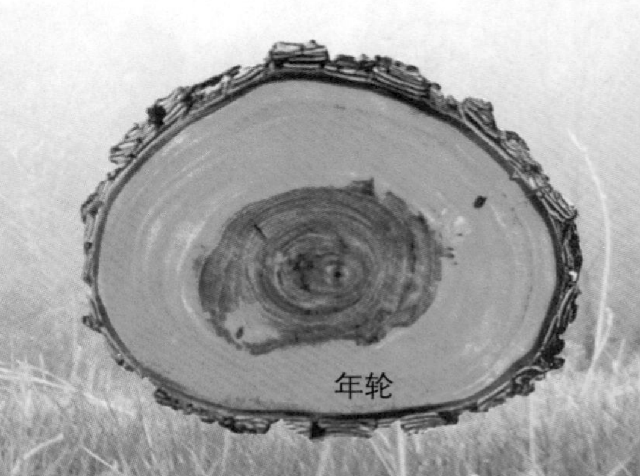

年轮

落叶乔木

LUOYE QIAOMU

有一些生长在温带的乔木，每年秋冬季节或干旱季节时，因为日照变少导致树木内部生长素减少，所以叶子会全部脱落，人们把这种乔木称为落叶乔木。

习性的形成

落叶是植物减少蒸腾、度过寒冷或干旱季节的一种适应反应，这一习性是植物在长期进化过程中形成的。

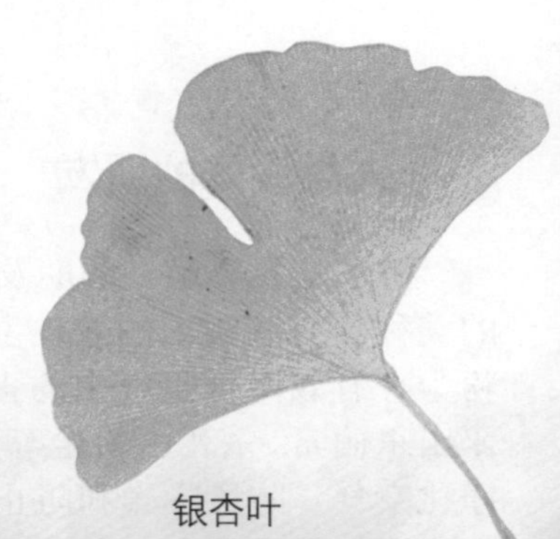

银杏叶

典型代表

银杏、水杉、枫树等都是落叶乔木的典型代表。其中银杏是国家一级保护植物，它具有肉质外种皮的种子，颇似杏果，成熟时外面还披有一层白粉，因此被称为“银杏”。

刺槐又叫洋槐，树冠呈椭圆形或倒卵形，花为白色，花冠蝶形，具有芳香的气味，果实为扁平的荚果，就像大豆荚一样。洋槐树高大、耐旱、耐寒。

白桦是我国东北主要的落叶乔木之一，最高的可达20多米。树干上面长着白垩色的树皮。

榛树约有20个品种，大多生长在荒山坡冈和森林边缘。其果实叫榛子，棕色，圆形或长圆形，果皮坚硬。榛子有“坚果之王”之称。

常绿乔木

CHANGL QIAOMU

终年长有绿叶的乔木就是常绿乔木。

常绿的原因

常绿乔木叶子的寿命一般是两三年或者更长，并且每年都有新叶长出，在新叶长出的时候也有部分旧叶脱落。由于是陆续更新，所以一年四季都能保持绿色。

绿化首选

这种乔木由于常年保持绿色，其美化和观赏价值很高，因此常被用作绿化的首选植物。

银杉

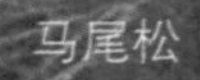
马尾松

常见的种类

椰子树、马尾松、柏树等都是比较常见的常绿乔木。

椰子树的顶端长着大而宽阔的羽毛状叶子，树上挂着许多足球般大小的棕色果实。成熟的果实外有一层很厚、很硬的外壳，里面有清香甘甜的椰汁。

榕树分布在热带和亚热带地区，树冠大得令人惊叹。它寿命长、生长快，侧枝和侧根都非常发达，常常是一棵榕树就能形成一片“森林”。

杉树珍稀古老，被称为“活化石”。它生长快、产量高、材质好、用途广，被称为“万能之木”。

青冈栎为亚热带树种，是我国分布最广的树种之一。因为它的叶子会随天气的变化而变色，所以人们称它为“气象树”。

广东新会的大榕树

灌木

GUANMU

那些没有明显的主干，矮小而丛生的树木，被称为灌木。

形态特征

灌木是一种多年生木本植物，通常没有明显的主干，而是从近地面的基部分出很多枝条，呈丛生状态。即使具有明显主干，其高度一般也不超过3米。灌木一般多为阔叶植物，也有一部分属于针叶植物。灌木是地面植被的主体，多形成灌木林。

使用价值

灌木多数矮小，因此在园林绿化中有着不可或缺的地位。在道路、公园、小区、河堤等地方，只要有绿化的地方，多数都有灌木。

常见灌木

常见的灌木有玫瑰、杜鹃、牡丹、栀子、铺地柏、小檗、黄杨、沙地柏、连翘、迎春、月季、荆、茉莉、沙柳等。

木槿属落叶灌木，叶片呈卵形或菱状卵形，边缘有锯齿，6—9月间开花，有红、白、紫红、粉红等色。

迎春花是落叶灌木，在每年2月严寒还没完全退去时，它细长柔软的枝条就已经开始变绿了。过不了多久，枝条上就会绽开黄色小花，向人们报告春天的消息。

玫瑰是蔷薇科的落叶灌木，花有红、紫、白等色，清香迷人，因为小枝上有刺，又被称作刺玫瑰。

千奇百怪的树木

QIANQI-BAIGUAI DE SHUMU

大千世界丰富多彩，树木也有很多千奇百怪的。下面就让我们来认识几种。

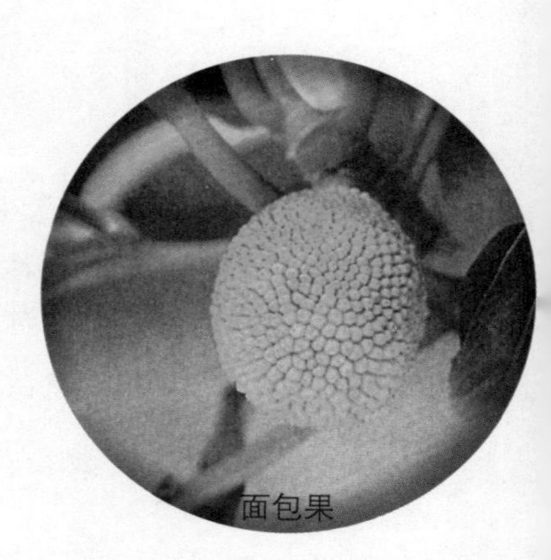
面包果

面包树

南太平洋的一些岛屿上生长着一种四季常青的面包树，这种树会结出一种叫作面包果的果实。面包果营养丰富，是当地居民不可缺少的粮食。

大胖子树

“大胖子树”生长在非洲的草原上，又叫波巴布树，寿命极长，最长的可活四五千年。这种树特别粗，有的树围粗达50多米，要40多人手拉手才能合抱过来。

大胖子树

箭毒木

箭毒木

箭毒木又名“见血封喉”，高约25米—30米。箭毒木的树皮、枝条和叶子中有一种白色的汁液，毒性很大。这种毒汁如果进入人的眼睛，人会顿时失明；如果碰到人的皮肤伤口或者被人误食，人会死亡。

香肠树

在辽阔的非洲草原上，耸立着一棵棵奇特的大树，树上挂满了一个个形似香肠的果实，这种树被叫作香肠树。一棵香肠树上结的“香肠”可有5千克重。

香肠树

光棍树

大自然中有一种“光棍树”，多生长在沙漠地区，为了在干旱的沙漠气候中生存，它的叶子细小并早落，故常呈无叶状态。

光棍树

剑叶龙血树

龙血树受伤后，会从伤口处流出一种紫红色、有香味的树脂，把伤口封住。人们把这种“血”称为“龙之血”，龙血树的名字就是这样得来的。

剑叶龙血树

花卉

HUAHUI

人们通常说的花卉是指具有观赏价值的草本植物及木本植物。

鸡冠花

一年生花卉

一年生花卉指的是播种、开花、结果、枯死都在一个生长季内完成的花卉。一般都是春天播种、夏秋生长，开花结果，然后枯死，也被称为春播花卉，如鸡冠花。

紫罗兰

两年生花卉

两年生花卉一般指当年只生长根、茎、叶，第二年才开花、结果、死亡的花卉。两年生花卉一般都是秋天播种，次年春季开花，所以又称为秋播花卉，如部分紫罗兰。

人工种植的花卉

多年生花卉

多年生花卉通常指的是能多次开花结果，且个体寿命超过两年的花卉，如百合。

百合花

水生花卉

水生花卉是指在水中或沼泽地中生长的花卉，如荷花。

荷花

岩生花卉

岩生花卉指耐旱性较强、多种植在岩石园内做观赏花卉的花卉，如银莲花。

银莲花

形形色色的花卉

XINGXINGSESE DE HUAHUI

花卉有两种定义：狭义的花卉是指有观赏价值的草本植物，如凤仙、菊花、一串红、鸡冠花等；广义的花卉除有观赏价值的草本植物外，还包括一些有观赏价值的木本植物，如梅花、桃花、月季、山茶等。下面我们来简单介绍几种花卉。

大王花

大王花生长在印度尼西亚等的热带雨林里，一般寄生在别的植物的根上，没有茎、叶，一生只开一朵花。这朵花特别大，最大的直径有 1.4 米，普通的也有 1 米左右，是世界上最大的花。

大王花

雪莲

雪莲

雪莲是一种多年生的草本植物。雪莲的茎上密密地长着叶子，像一片片分开的羽毛。雪莲的根既粗壮又坚韧，能在石块间隙生长。每年的七八月是雪莲的开花季节。

生石花

生石花外表同光滑的鹅卵石几乎一模一样，喜欢在沙砾、乱石中生长，被人们称为“有生命的石头”。它长着两片肥厚的像蒜瓣儿一样的叶子，花从两片叶子中间长出。

生石花

月季

绚丽、芬芳而又带刺的月季，被称为“花中皇后”。月季的花期长，每次开花也不易凋谢。

月季

康乃馨

原产地在地中海沿岸，喜凉爽、阳光充足的环境，不耐炎热、干燥和低温。康乃馨包括许多变种与杂交种类，在温室里几乎可以连续不断开花。1907 年起，人们开始以粉红色康乃馨作为母亲节的象征，故今常被作为献给母亲的花。

康乃馨

百合花

百合花有白、粉、黄等多种颜色，象征着纯洁和美好，常常被作为礼物送给新婚夫妇，以表示对新人的祝福。

百合花

樱花

樱花

樱花起初是野生的，品种、花色很单一。后来日本人将它移植到庭院中，精心培育。现在樱花的品种已经达到了300多种，花色也更加绚烂美丽。

仙人掌

仙人掌生长在沙漠地带，刺就是它的叶子，它的茎里储存着大量水分。在沙漠的雨季，仙人掌会绽放出鲜艳的大花。

仙人掌

农作物

NONGZUOWU

指农业上栽培的各种植物，包括粮食作物、经济作物等，可食用的农作物是人类基本的食物来源之一。

稻田

麦子

粮食作物

粮食作物是指以收获成熟果实为目的，经去壳、碾磨等加工程序而成为人类基本粮食的一类作物，主要分为谷类作物（包括水稻、小麦、大麦、燕麦、玉米、谷子、高粱等）、薯类作物（包括甘薯、马铃薯、木薯等）、豆类作物（包括大豆、蚕豆、豌豆、绿豆、小豆等）。其中小麦、水稻和玉米三种作物占世界上食物的一半以上。

经济作物

经济作物又称技术作物、工业原料作物，指具有某种特定经济用途的农作物。经济作物通常具有地域性强、经济价值高、技术要求高、商品率高等特点，对自然条件要求较严格，宜集中进行专门化生产。经济作物的种类很多，主要包括棉花、烟草、甘蔗等。

棉花

水果

水果是对部分可以食用的含水分较多的植物果实的统称。水果一般多汁且有甜味，不但含有丰富的营养，而且能够帮助消化。水果还有降血压、减缓衰老、减肥、保养皮肤、明目、抗癌、降低胆固醇等保健作用。

水果

苹果　　　　樱桃

蔬菜

蔬菜是指可以做菜吃的草本植物，也包括一些木本植物的茎、叶以及菌类。主要有萝卜、白菜、芹菜、韭菜、蒜、葱、菜瓜、菊芋、刀豆、芫荽、莴笋、黄花菜、辣椒、黄瓜、西红柿、香菜等。

蔬菜

蔬菜的营养物质主要有蛋白质、矿物质、维生素等，这些物质的含量越高，蔬菜的营养价值越高。此外，蔬菜中的水分和膳食纤维的含量也是重要的营养品质指标。通常，水分含量高、膳食纤维少的蔬菜鲜嫩度较好，其食用价值也较高。从保健的角度来看，膳食纤维也是一种必不可少的营养素。

蔬菜

草

CAO

草本是一类植物的总称，但并非植物科学分类中的一个单元，与草本植物相对应的概念是木本植物。人们通常将草本植物称作“草”，将木本植物称为“树”，但是也有例外，比如竹就属于草本植物，但人们经常将其看作树。

草的根

一般来说，草的根是纤维性的，它们如同手指一样朝泥土里扩展，吸收营养，吸收水分，稳固生长在土地里。

草的分类

按照生命周期长短，草可分为一年生草本植物、两年生草本植物和多年生草本植物。

一年生草本植物是指从发芽、生长、开花、结实至枯萎死亡，只有 1 年时间，如葫芦。

两年生草本植物大多是秋季作物，一般是第一年的秋季长营养器官，到第二年春季开花、结实，如冬小麦。

多年生草本植物的寿命比较长，一般为两年以上，如菊花。

草的根

小麦

草

草的作用很大

草的结构非常简单，生命方式也很简单，但它对于人类的生活却极其重要。它在防止土壤风化等方面起着重要的作用。

千奇百怪的草

▶▶ QIANQI-BAIGUAI DE CAO

我们眼中的草往往很小、很平常，所以我们很少去注意它们。其实草也有很多千奇百怪的。

含羞草

含羞草原产于南美洲的巴西，它周身长满了细毛和小刺。只要你用手轻轻地触摸一下它的花或叶，它就会立刻将一片片叶子折合起来，似乎十分害羞。其实，含羞草并不会害羞，只是它叶柄上的细胞受到触碰等外来刺激后，就会将叶子折合起来。

含羞草

瓶子草

在北美洲东部有一种食虫植物，它们的叶子非常奇特有趣，有的呈管状，有的呈喇叭状，还有的呈壶状，人们统称它们为瓶子草。捕虫的“瓶子”在草丛中或斜卧，或直立，这些瓶状叶便是它们捕捉昆虫的“诱捕器”。

瓶子草

猪笼草

猪笼草看上去像百合花或喇叭花。它有约3米高，“瓶口”和“瓶盖”还能分泌又香又甜的蜜汁。贪食的昆虫如果到“瓶子”里采蜜，就会被“瓶子”中的黏液粘住，从而被猪笼草“吃”掉。

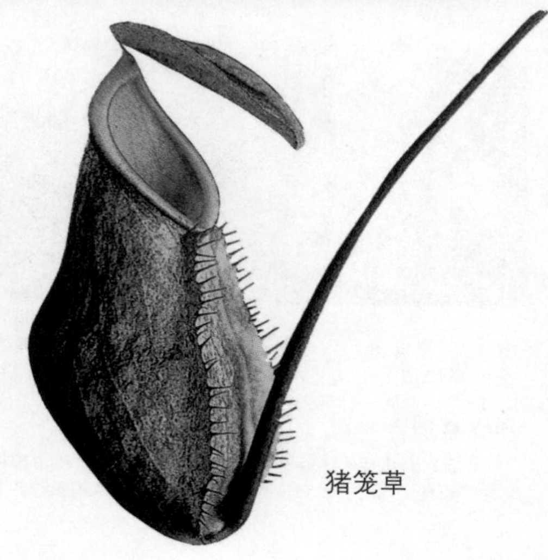
猪笼草

捕蝇草

捕蝇草身材矮小，有几枚到十几枚基生叶，看上去就像勺柄朝里在餐桌上摆成一圈的一把把怪模怪样的勺子。“勺子”是它的捕虫夹，里面有诱捕苍蝇等虫子的蜜汁。

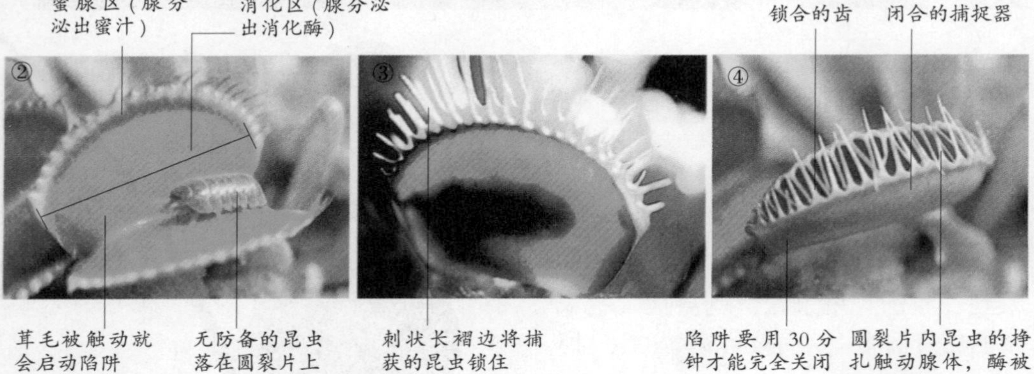

捕蝇草捕食昆虫

有些食肉植物如捕蝇草，具有可活动的陷阱。陷阱由位于叶端处的圆裂片构成。圆裂片的边缘长有很长的褶边，内面呈红色并长有灵敏的长毛。这些长毛可感受到轻微的触动并启动陷阱。

狗尾草

狗尾草俗称毛毛狗，是一年生草本植物。狗尾草夏季开花，许多小花形成圆柱状，好像狗的尾巴。

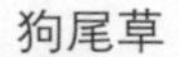

狗尾草

蜈蚣草

蜈蚣草是一种多年生草本蕨类植物，它们对土壤中一些重金属的吸收能力是普通植物的20万倍～30万倍，常生于路旁、桥边石缝或石灰岩山地。

蜈蚣草

狸藻

狸藻的叶子像一团丝，把叶子分开，就可以看到小梗上有许多绿豆大小的“小口袋”——囊。这种“小口袋”是狸藻用来捉水中小生物的“篓子”。

狸藻